小城镇水业及垃圾处理行业培训丛书

垃圾处理技术

李 健 高沛峻 编著

中国建筑工业出版社

图书在版编目（CIP）数据

垃圾处理技术/李健，高沛峻编著．—北京：中国建筑工业出版社，2005

（小城镇水业及垃圾处理行业培训丛书）

ISBN 978-7-112-07779-3

Ⅰ．垃...　Ⅱ．①李...②高...　Ⅲ．城镇-垃圾处理

Ⅳ．X705

中国版本图书馆 CIP 数据核字（2005）第 113128 号

小城镇水业及垃圾处理行业培训丛书

垃圾处理技术

李　健　高沛峻　编著

*

中国建筑工业出版社出版、发行（北京西郊百万庄）

各地新华书店、建筑书店经销

霸州市顺浩图文科技发展有限公司制版

北京市兴顺印刷厂印刷

*

开本：850×1168 毫米　1/32　印张：7　字数：200 千字

2005 年 11 月第一版　　2008 年 1 月第二次印刷

印数：3001—4500 册　　定价：**18.00** 元

ISBN 978-7-112-07779-3

(13733)

随着社会生产力的发展，废物的种类和产量不断增加，垃圾污染的严重性和部分物质的可资源性已成为全球关注的热点问题。面对垃圾污染的恶化和自然资源的匮乏两大问题，如何合理地进行垃圾处理并使其资源化已成为国内城镇化进程中日益重视的焦点。本书从城市生活垃圾处理出发，分章节对垃圾处理技术进行了论述。全书共分八章。第1章为城市生活垃圾概论；第2章至第4章论及了固体废物的收集、运输，固体废物的预处理以及卫生填埋技术；第5章和第6章对垃圾堆肥和垃圾焚烧两项工艺作了阐述；第7章为小城镇垃圾管理、处理探讨；第8章列举了国内一些垃圾处理的实例。

* * *

责任编辑：胡明安　姚荣华　于　莉
责任设计：崔兰萍
责任校对：刘　梅　李志瑛

小城镇水业及垃圾处理行业培训丛书

编　委　会

前　言

我国现有约 2 万多个小城镇，这些小城镇在我国城镇化进程中扮演着吸收农村富余劳动力、带动农村地区经济发展、缩小城乡差别、解决“三农问题”等十分重要的角色。

我国政府向来非常重视小城镇的建设和发展问题，先后出台了一系列政策措施，鼓励小城镇的健康可持续发展。然而，随着人口的增加和社会经济的发展，小城镇在基础设施建设和运营方面出现了很多新问题，如基础设施严重短缺、管理能力和效率低下、生态破坏日趋严重等，这些问题都迫切需要我们认真研究解决。通过调查，我们发现除了政策和资金方面的问题之外，影响小城镇发展的关键是人才缺乏和能力不足，主要表现在：

(1) 缺乏熟悉市场经济原则、了解技术发展状况与水平的决策型人才，尤其是缺乏小城镇基础设施总体规划、总体设计方面的决策人才。从与当地政府的沟通来看，很多地方官员对小城镇总体规划与总体设计的认知程度不够，对相关政策法规的执行能力不足。

(2) 缺少熟悉现代科学管理知识与方法的管理型人才，如小城镇建设所需的项目管理、项目融资与经营方面的人才，缺乏专业的培训。

(3) 专业技术人员严重不足，缺乏项目建设、运行、维护、管理方面的专业人员。在 16 个调研点中，有 1/3 的地方基本上没有污水处理、垃圾处理和供水设施运行、维护和管理方面的专业技术人员；1/3 的调研点在污水处理、垃圾处理、供水设施方面的专业技术人员能力明显不足。

(4) 对政策的理解和执行力度不够。相比较而言，我国东部地区关于基础设施的相关政策已经比较完善，实际执行情况较好；而西部许多小城镇只有一些简单的地方管理办法，管理措施很不完善，对国家政策的理解和执行能力很弱，执行结果差异较大。

针对以上存在的问题，2002年12月5日，建设部与荷兰大使馆签订了“中国西部小城镇环境基础设施经济适用技术及示范”项目合同。该项目是中荷两国政府在中国西部小城镇环境基础设施建设领域（包括城镇供水、污水处理和垃圾处理）开展的一次重要的双边国际科技合作。按照项目的设计，项目设计的总体目标是通过中国西部小城镇环境基础设施的经济适用技术集成、示范工程、能力建设、市场化机制和技术政策的形成以及成果扩散等活动，促进西部小城镇环境基础设施发展，推进环境基础设施建设的市场化进程，改善环境，减少贫困，实现社会经济可持续发展的目标。

根据要求，我们开展了针对西部地区小城镇水业及垃圾处理行业的培训需求调研、培训机构调查、培训教材编制等几个方面的工作，以期帮助解决小城镇能力不足和缺乏培训的问题。

据调查，目前国内水业及垃圾处理行业的培训教材的现状是：一是针对某种专业技术人员的专业书籍；二是对于操作工人的操作手册。而针对水业及垃圾处理行业的管理与决策者方面的教材很少，针对小城镇特点的培训教材更是寥寥无几。

本丛书在编写过程中，力求结合小城镇水业及垃圾处理行业的特点，从政策、管理、融资以及专业技术几个方面，系统介绍小城镇水业及垃圾处理行业的项目管理、政策制定与实施、融资决策以及污水处理、垃圾处理、供水等专业技术。同时，在建设部、荷兰使馆的大力支持下，编写组结合荷兰及我国东部地区的典型案例，通过案例分析，引进和吸收荷兰及我国东部地区的先进技术、管理经验和理念。

本手册共分六册：政策制定与实施，融资及案例分析，项目管理，垃圾处理技术，污水处理技术，供水技术。

本丛书可作为水业及垃圾处理行业的政府主管部门、设计单位、研究单位、运行和管理人员及相关机构的培训用书，同时也可作为高等学校的教师和学生的教学参考用书。

目　录

第1章　城市生活垃圾概论

1.1　固体废物问题的提出

有人类生活的地方就有固体废物产生。早在两千多年前，古希腊人就把生活中产生的废物倒入深坑填埋。随着社会生产力的不断发展，废物的种类在不断扩大，废物产量不断增加。到了20世纪，由于种类繁多，数量庞大，污染的严重性及部分物质的可资源性，固体废物已成为全球关注的热点和难点问题。

据统计，全世界每年产生垃圾450亿t，我国城市生活垃圾的产量已达到1.9亿t，且以每年6%～8%的速度递增，如不及时处理，将极大地污染环境，影响城市景观，危害人们健康，同时还将侵占大量可贵的土地资源。固体废物的污染已经成为世界范围内最主要的污染形式之一。

1.1.1　固体废物的定义

我国1995年颁布的《中华人民共和国固体废物污染环境防治法》（1996年4月1日起实施，以下称《固体法》）对固体废物的定义为：固体废物是指在生产建设、日常生活和其他活动中产生的污染环境的固态、半固态废弃物质。

学术界将废弃物定义为人类在生活和生产活动中对自然界的原材料进行加工、利用后不再需要而废弃的东西。由于废弃物多数以固体或半固体状态存在，通常就将废弃物称为固体废物。

固体废物举例：厨余垃圾、煤矸石（与煤伴生的岩石：页岩、砂岩、石灰岩等）、废水废气处理后产生的固体残渣，如污泥、飞灰等。

1.1.2 固体废物的二重性

在实际的生产和生活过程中，人们对自然资源及其产品的利用总是只利用需要的一部分或只利用一段时间，而剩下的无用或失效部分则加以丢弃。被丢弃的这部分物质是多种多样的，它是否成为废物是有一定时空条件的。某一种生产活动产生的废物，可能成为另一种生产活动的原料。同样，在一个时期被视为废物的东西，随着科学技术的发展和进步，又可能成为宝贵的资源。

因此说，固体废物是“放错地方的资源”。只有真正理解了固体废物的这种随时间、空间变化的二重性，才能制定出符合自然规律与社会法则的战略措施，实现对固体废物的科学管理。

1.2 固体废物的来源和分类

1.2.1 来源

图 1-1 为社会中物流运动的示意图。

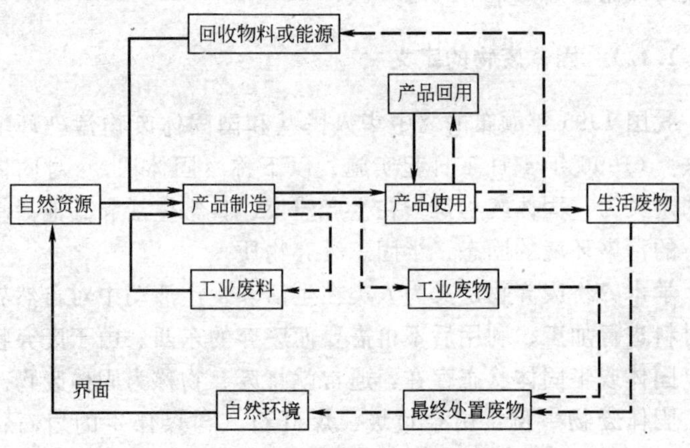

图 1-1 社会中物流运动示意图

从图 1-1 可以看出：

(1) 人类生产活动中所使用原料的来源有以下三个途径。

1) 从地球直接开发的自然资源；

2) 产品制造中产生的废料；

3) 使用后产品的回用。

(2) 废物的来源也有以下三种途径。

1) 各种生产活动不可能对原料进行 100% 的利用，在其过程中必然会产生一定量的废物；

2) 开采自然资源过程中会产生一定量的废物；

3) 人类对产品的消费过程中，也会产生一定量的废物。

(3) 废物的处理也存在以下三种途径。

1) 利用废物生产能源或作为原料返回生产过程；

2) 对使用过的产品直接回用；

3) 作为废物加以最终处置。

1.2.2　分类

固体废物的分类方法有多种。

按其化学组成可分为：有机废物和无机废物；

按其形态可分为：固态废物、半固态废物和液态（气态）废物；

按其污染特性可分为：危险废物和一般废物；

按其来源可分为：工业固体废物、城市垃圾、放射性废物及其他废物等。

通常按来源对固体废物进行分类，如图 1-2 所示。

我国的《固体法》将固体废物分成为城市生活垃圾、工业固体废物和危险废物进行管理。

(1) 城市生活垃圾（又称为城市固体废物 Municipal Solid Waste）

《固体法》将城市生活垃圾定义为：在城市日常生活中或为

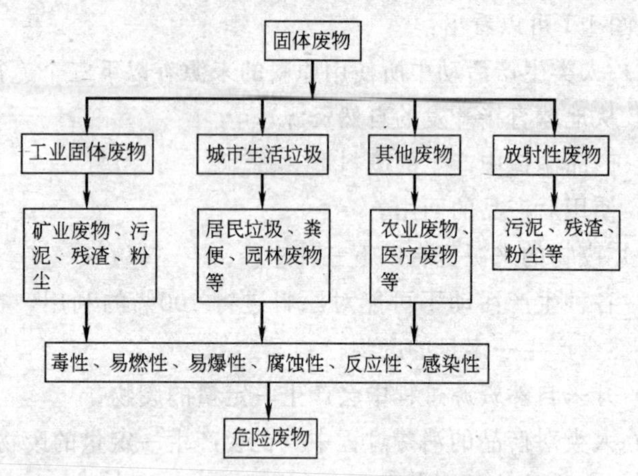

图 1-2　固体废物的分类体系

城市日常生活提供服务的活动中产生的固体废物以及法律、行政法规规定视为城市生活垃圾的固体废物。

城市生活垃圾主要产自城市居民家庭、城市商业、餐饮业、旅馆业、旅游业、服务业、市政环卫业、交通运输业、文教卫生业和行政事业单位、工业企业单位以及水处理污泥等。其主要成分包括厨余物、废纸、废塑料、废织物、废金属、废玻璃陶瓷碎片、砖瓦渣土、粪便，以及废家用什具、废旧电器、庭园废物、小型企业产生的工业固体废物（环卫工人实际清扫中含有）和少量的危险废物（废打火机、废日光灯管、废电池、废油漆）等。

它的主要特点是成分复杂，有机物含量高。影响城市生活垃圾成分的主要因素有居民生活水平、生活习惯、季节、气候等。

（2）工业固体废物

《固体法》将工业固体废物定义为：在工业、交通等生产过程中产生的固体废物。

工业固体废物按行业主要包括以下几类：

1）冶金工业固体废物　主要包括各种金属冶炼或加工过程中所产生的废渣，如高炉炼铁产生的高炉渣，平炉、转炉、电炉炼钢产生的钢渣，铜镍铅锌等有色金属冶炼过程产生的有色金属渣，铁合金渣及提炼氧化铝时产生的赤泥等；

2）能源工业固体废物　主要包括燃煤电厂产生的粉煤灰、炉渣、烟道灰，采煤及洗煤过程中产生的煤矸石等；

3）石油化学工业固体废物　主要包括石油及加工工业产生的油泥、焦油页岩渣、废催化剂、废有机溶剂等，化学工业生产过程中产生的硫铁矿渣、酸渣碱渣、盐泥、釜底泥、精（蒸）馏残渣以及医药和农药生产过程中产生的医药废物、废药品、废农药等；

4）矿业固体废物　主要包括采矿废石和尾矿，废石是指各种金属、非金属矿山开采过程中从主矿上剥离下来的各种围岩，尾矿是指在选矿过程中提取精矿以后剩下的尾渣；

5）轻工业固体废物　主要包括食品工业、造纸印刷工业、纺织印染工业、皮革工业等工业加工过程中产生的污泥、动物残物、废酸、废碱以及其他废物；

6）其他工业固体废物　主要包括机加工过程产生的金属碎屑、电镀污泥、建筑废料以及其他工业加工过程产生的废渣等。

有些国家将废矿石和尾矿单独列为矿山废物，而我国的《固体法》明确将矿山废物纳入工业固体废物类加以管理。

（3）危险废物

由于危险废物的特殊危险性，它与城市生活垃圾和一般工业固体废物在管理方法和处理处置费用上有较大差异，因而大部分国家对其制定了特殊的鉴别标准、管理方法和处理处置规范，但由于各国的社会、经济、科技水平不同，其定义也不同。

我国《固体法》将危险废物定义为：列入国家危险废物名录，或者根据国家规定的危险废物鉴别标准和鉴别方法认定的具有危险特性的废物。

从学术观点来看，危险废物的主要特征并不在于它们的相态，而在于它们的危险特性，即：毒性、易燃性、易爆性、腐蚀性、反应性、感染性。

危险废物包括：固态残渣、油状物质、液体以及具有外包装的气体等。根据1998年1月4日由国家环境保护总局、国家经济贸易委员会、对外贸易经济合作部和公安部联合颁布，1998年7月1日实施的《国家危险废物名录》，将我国危险废物共分为47类。

目前，我国尚未健全关于危险特性的鉴别标准和鉴别方法，但我国《固体法》明文规定：除中华人民共和国声明保留的条款外，中华人民共和国缔结或者参加的与固体废物污染环境防治有关的国际条约与本法有不同规定的，适用国际条约的规定。因此作为《巴塞尔公约》（1983年3月22日，联合国环境规划署UNEP在瑞士巴塞尔召开“关于控制危险废物越境转移全球公约全权代表大会”通过了《巴塞尔公约》，列出了“应加控制的废物类别”共45类，“须加特别考虑的废物类别”共2类，同时列出了危险废物“危险特性的清单”共14种特性）的缔约国，关于危险废物的鉴别标准及鉴定方法应与国际上公认的标准保持一致。国家规定，“凡《名录》所列废物类别高于鉴别标准的属危险废物，列入国家危险废物管理范围；低于鉴别标准的，不列入国家危险废物管理。”

由此可以看出，我国危险废物的鉴别、分类分为两个步骤：第一步，将《名录》中所列废物纳入危险废物管理体系；第二步，通过《鉴别标准》将危险性低于一定程度的废物排出危险废物之外，即加以豁免。

目前我国已制定的《危险废物鉴别标准》中包括浸出毒性、急性毒性初筛和腐蚀性三类，其中浸出毒性主要为无机有毒物质鉴别标准，而有机有毒物质的浸出毒性鉴别标准以及反应性、易燃性和传染性鉴别标准尚未制定。

（4）《固体法》未涉及的废物

1）农业废物　农业废物是指在农业生产、加工过程中产生的以及农村居民生活活动排出的废物，如植物秸秆、人和禽畜粪便等。

我国《固体法》没有将农业废物单独列为一类，仅在第十八条对农用薄膜的污染问题做出了规定，这与我国目前的社会、经济以及农业废物的产生、利用现状有关，但随着城市规模的不断扩大化和城乡差别的缩小，农业废物的管理也应尽快列入议事日程。

2）医疗废物 《固体法》中也没有医疗废物的具体规定，国外大多数国家将其列为危险废物。我国虽然制定了有关的管理条例，但为了加强其管理，也应在《固体法》中增加有关内容。

随着2003年非典疫情在我国大面积流行，相信对医疗废物的污染控制立法将会加快。同时，对其污染控制也将更加严格。

3）放射性废物 《固体法》在总则中规定放射性固体废物污染环境的防治不适用本法。有关放射性固体废物的管理见《辐射防护规定》（GB 8703—88），在《辐射防护规定》中将放射性废物定义为：凡放射性核素含量超过国家规定限值的固体废物，统称为放射性废物。

1.3 固体废物的污染及其控制

1.3.1 固体废物污染危害

固体废物的污染问题在人类社会形成之初就已经存在。只不过在早期由于人口少、资源消耗低、环境的自然净化能力远远大于废弃物的污染负荷，其所造成的环境污染问题并没有显现出来。到了近代，随着社会经济和工业生产的迅速发展，固体废物的问题也愈加严重。

目前，由各种废弃物造成的环境污染及其控制已成为世界各国所共同面临的一个重大环境问题，特别是危险废物，由于其对环境造成污染的严重性，1983年联合国环境规划署（UNEP）

将其与酸雨、气候变暖和臭氧层保护并列作为全球性环境问题。

固体废物对环境的污染危害主要表现在以下几个方面：

（1）侵占土地

固体废物不加利用，需占地堆放，堆积量越大，占地越多。据统计，到1995年止，我国工矿业固体废物累计堆放量就达66亿t，占地约5.5万hm^2。城市生活垃圾产量随着城市人口的增加、城市规模的扩大和居民生活水平的提高而急剧增加。我国城市人口数量居世界首位，统计至2004年末，共有城市人口3.41亿人，大量的城市垃圾任意侵占农田堆放的现象比比皆是。

（2）污染土壤

废物堆放，其中有害组分经过风化，雨雪淋溶、地表径流的侵蚀，产生高温和有毒液体渗入土壤，容易污染土壤、杀害土壤中的微生物，破坏土壤的腐解能力，导致草木不生。

1976年7月10日，意大利北部小城SEVESO一家生产2,4,5-三氯苯酚（TCP）的化工厂发生了爆炸，产生了约2.0kg的二恶英（其毒性相当于氰化钾KCN毒性的1000倍），造成了周围1810公顷土地的污染。在现场清理过程中，收集了20万m^3污染严重的土壤和41罐反应残渣，这些污染土壤和反应残渣的净化，约需耗资2亿美元。1年后废物被转移到法国，1985年又被转移到瑞士的巴塞尔，并以250万美元的价格进行了焚烧处理。这个事故在几年后成为了引起一场关于二恶英问题和危险废物越境迁移问题国际论争的导火索。1989年3月诞生了关于控制危险废物越境迁移及其处置的《巴塞尔公约》，并于1992年5月5日正式生效。

（3）污染水体

固体废物随天然降水和地表径流进入河流、湖泊，或随风飘落水体，从而造成地表水污染，渗滤至土壤则造成地下水污染。

1）水俣病　水俣病是国际上最著名的公害病之一。它是由甲基汞引起的神经系统疾病，由于这种病最初发生在日本熊本县水俣市，由此而得名“水俣病”。水俣病是由水俣氮肥工厂排放的甲基汞，污染了水体，致使汞在鱼贝类体内的富集浓度最高达80mg/L，人食用了受污染的鱼贝类而导致中毒。

2）罗芙运河事件 1943～1953年，在美国纽约州尼加拉市的一段废弃运河的河床上，两家化学公司填埋处置了大约21000t、80余种化学废物。从1976年开始，当地居民家中的地下室发现了有害物质浸出，同时还发现在当地居民中有癌症、呼吸道疾病、流产等疾病多发现象。当地政府对约900户居民采取紧急避难措施，并对处置场地实施了污染修复工程，前后共耗资约1.4亿美元。

（4）污染大气

一些有机固体废物，在适宜的温度和湿度下经微生物的分解会产生有毒、有害气体；细粒状的废渣和垃圾在大风的吹动下会飘散到很远的地方，污染大气；固体废物在运输和处理过程中也能产生有害气体和粉尘；一些没有空气净化装置的焚烧炉也会排放出有害气体和粉尘，严重污染大气。

（5）影响市容和环境卫生

垃圾堆积在城市及其周围，严重影响市容和环境卫生，对人们的生命和健康构成严重威胁。

尽管固体废物对环境造成诸多危害，但在我国相当长的时间里没有得到应有的重视，存在着管理法规不健全，资金投入不足，缺乏成套的处理处置技术以及足够数量的管理和技术人才等问题。在现有处理处置技术中，普遍技术水平偏低，远远不能满足固体废物污染控制的需要。

1.3.2 固体废物污染环境的特点

固体废物不仅会对环境和人体造成即时的危害，其危害还具有潜在性和长期性。以固态形式存在的有害物质向环境中的扩散速率相对比较缓慢，例如渗滤液中的有机物和重金属在黏土层中的迁移速率，大约在每年数厘米的数量级上，其对地下水和土壤的污染需要经过数年甚至数十年后才能显现出来。与废水和废气相比，它往往集中了多种高浓度的有害成分，一旦发生了固体废物所导致的环境污染，其影响具有长期性、潜在性和不可恢复性。

因此，固体废物的污染特点为：

1）固体废物产生量大，种类繁多，性质复杂（新物质不断涌现），来源分布广泛；

2）固体废物包括其他形式污染物的处理产物，需要进行最终处置；

3）固体废物的危害具有潜在性和长期性。

1.4 固体废物的管理

固体废物的污染控制与其他环境问题一样，经历了从简单处理到全面管理的发展过程。《固体法》中，首先确立了固体废物污染防治的“三化”原则，即固体废物的“减量化、资源化、无害化”。

减量化是指减少固体废物的产生量和排放量，减少固体废物的量就可以从源头上直接减少或减轻固体废物对环境和人体健康的危害，可以最大限度地合理开发利用资源和能源。减量化不仅要求减少固体废物的数量及其体积，还包括尽可能地减少其种类，降低危险废物有害成分的浓度，减轻或消除其危险特性。

减量化是防止固体废物污染环境的优先措施，要实施减量化就必须开展清洁生产、开发和推广先进的生产技术和设备，采用精料加工，以前一种产品的废物做后一种产品的原料，对废物进行回收利用，充分合理地利用原材料、能源和其他资源。另外，减量化还包括对已产生的废物实施处理，减少其重量或体积，如焚烧技术。

资源化是指采用管理和工艺措施从固体废物中回收物质和能源。资源化包括：

1）物质回收：即处理废物并从中回收指定的二次物质，如纸张、金属、玻璃等物质；

2）物质转换：即利用废弃物制取新形态的物质，如用电镀污泥制取高附加值的重金属，炉渣制水泥，废玻璃、废橡胶生产铺路材料；

3）能量转换：即从废物处理过程中回收能量作为热能或电能，如垃圾焚烧发电，垃圾厌氧消化产沼气。

但是，资源化必须有先进的技术和雄厚的经济实力作为先导，否则，资源化将成为一句空话。同时，要实现资源化还应遵循以下原则：

1）技术可行，经济效益好，生命力强；

2）废物尽可能在排放源就近利用，以节约贮放、运输等过程的投资；

3）“资源化”产品应该符合国家相应产品的质量标准，因而具有与之相竞争的能力。

无害化是指对已经产生但又无法或暂时无法进行综合利用的固体废物，经过物理、化学或生物方法，降低或消除其危害特性的过程，它是保证最终处置长期安全性的重要手段。如固化（稳定化）、焚烧、热解、中和、氧化、还原等。

以上原则，包括固体废物从产生到最终处理处置全面管理的全过程，故亦称为“从摇篮到坟墓”的管理原则。

目前，在世界范围内取得共识的解决固体废物污染控制问题的基本对策是：①清洁生产，避免产生（Clean）；②综合利用（Cycle）；③妥善处置（Control），即所谓的“3C”原则。根据“3C”原则，可以将固体废物从产生到处置分为五个连续或不连续的环节进行控制。

1）进行清洁生产，减少或避免固体废物的产生（实现的方法有：改变原材料，如采用精料，减少固体废物的产量；改进生产工艺，采用无废和少废的技术，消除或减少废物产生；更换产品或提高产品质量和使用寿命，不使其过快地变成废物)；

2) 进行系统内的回收利用；

3) 系统外的回收利用（企业间废物进行交换)；

4) 无害化（稳定化）处理；

5) 最终处置，实现安全处理处置。

其中 1)、2) 环节为首端控制。

图 1-3 表明了这种思路的转变。

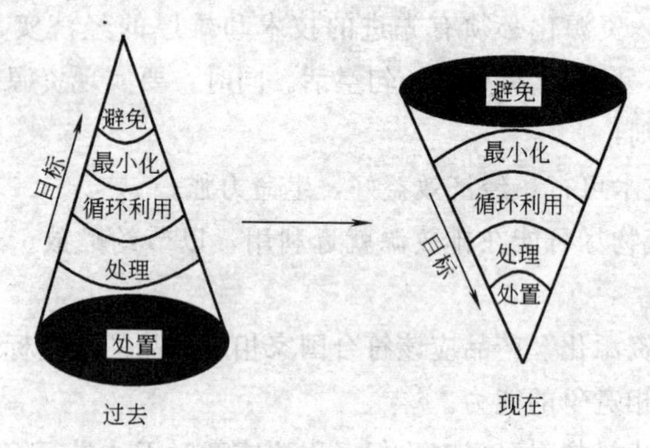

图 1-3 固体废物管理思路的变化

1.5 城市生活垃圾的特性

1.5.1 城市生活垃圾的范畴

城市垃圾通常是指居民生活、商业活动、旅游、市政维护、企事业、机关单位办公等过程中产生的生活废弃物，如厨余物、餐饮残余物、废纸、织物、家具、玻璃陶瓷碎片、废旧塑料制品、煤灰渣、废交通工具等。

本书重点讨论城市生活垃圾，对工业垃圾和危险废物不做重点讨论。

1.5.2　物理化学特性

掌握城市生活垃圾的基本性质是选择处理工艺、制定管理对策的重要前提，垃圾的基本性质主要包括组成、密度、含水率、热值、挥发性组分、灰分、元素组成等。

垃圾密度是确定垃圾容器的大小及数量、运输车辆的容积、中转站及处理设施的规模、处置场的库容等的重要参数。含水率、成分、热值、灰分等主要用来确定分选工艺设备、焚烧炉型及辅助燃料用量，以及填埋场浸出液浓度及水量的估算，以保证各类处理处置设施的正常运行。

下面对重要的参数进行论述：

(1) 密度

密度是指垃圾在自然状态下单位体积的重量，一般用 kg/m^3 表示。密度因成分或压实程度的不同其数据波动性较大。各种类型垃圾密度的范围和典型值见表 1-1。

各类垃圾的密度范围及典型值（kg/m^3）　　表 1-1

垃圾种类	范围	典型值
未经压缩的生活垃圾①	90～180	130
未经压缩的园林垃圾	60～150	100
未经压缩的炉灰	650～830	740
经收运车压缩的生活垃圾	180～440	300
填埋场中自然压缩的生活垃圾	360～500	440
填埋场中充分压实的生活垃圾	600～740	670
压实加工成型的生活垃圾①	600～1070	710
粉碎后未经压缩的生活垃圾	120～270	210
粉碎后压缩的生活垃圾②	650～1070	770

①不包括炉灰；②低压压缩，压力值 $<690\times10^3 N/m^2$。

密度的测定通常采用“多次称重平均法”。即用一定容积的容器，在一定期限内定期抽样称重，最后将所有各次称重的结果相加，除以称重的次数和容器的容积，即可得出垃圾的平均密度，计算公式为：

$$c=\frac{\sum_{i=1}^{n}a_i}{nV} \tag{1-1}$$

式中 c——垃圾密度，kg/m^3；

a_i——每次称重所得的垃圾重量，kg；

n——称重次数；

V——容器容积，m^3。

(2) 含水率

含水率是单位体积垃圾中所含水分重量与垃圾总重量之比。一般垃圾中的水分可分为两部分，即外在水分和内在水分。在45℃左右的温度下烘 8h，取出后冷却称重，此时所失去的重量即为垃圾的外在水分；在 105℃的烘干箱内烘干至恒重，取出冷却至室温，称其重量，此时试样所失去的水分为垃圾的全水分，全水分减去外在水分即为内在水分。垃圾含水率可用以下计算式表示：

$$W=\frac{P_0-P_1}{P_0}\times 100 \tag{1-2}$$

式中 W——垃圾含水率，%；

P_0——垃圾湿重，kg；

P_1——垃圾干重，kg。

垃圾含水率随季节变化较大，平均含水率在 15%～40%之间，厨房垃圾的含水率最高，可达 70%以上。

(3) 热值

垃圾的热值与含水率及有机物含量、成分等关系密切，通常有机物含量越高，热值越高，含水率越高，则热值越低。

热值，又称为发热量，指单位重量（或体积）的燃料完全燃烧所放出的热量，热值又分为高热值和低热值。高热值是垃圾单位干重的发热量，用 H_0 表示（高热值，指燃料燃烧后所放出的总热量，包括所生成水汽的凝缩热）；低热值是单位新鲜垃圾燃烧时的发热量，又称有效发热量，用 H_u 表示（低热值，从总热量中减去凝缩热即为低热值，又称为湿热值或实际热值，工程中的热值一般都指低热值）。

1）高热值计算方法　用氧弹量热计测量。原理：将垃圾放入充满压力氧的氧弹中燃烧，垃圾燃烧释放的热量被氧弹外的水吸收，通过测定水温的升高，便可以计算出垃圾的氧弹热值。

由各垃圾组分的热值计算得：

$$H_0=\frac{1}{100}\sum_{i=1}^{n}\eta_i H_{0i}\ (\text{kcal/kg 或 kJ/kg}) \quad (1\text{-}3)$$

式中　η_i——垃圾中各组分的重量百分比，%；

H_{0i}——垃圾中各组分的高热值（可以由手册查出），kcal/kg 或 kJ/kg。

2）低热值的计算方法：

① 根据高热值推算

$$H_u=H_0\frac{100-(I+W)}{100-W_L}-5.85W(\text{kcal/kg}) \quad (1\text{-}4)$$

式中　W——含水率，%；

I——灰分，%；

W_L——汽湿样品含水率，又称为剩余湿度。试验期间样品在空气中吸湿导致的样品湿度变化，一般为1%～4%，对 H_u 影响不大。

② 根据元素分析结果获得

其中最著名的公式是 Dulong（杜隆）公式：

$$H_u=81C+3425\left(H-\frac{O}{8}\right)+225S-5.85(9H+W) \quad (1\text{-}5)$$

式中　C、H、O、S、W——分别为碳元素、氢元素、氧元素、硫元素以及水的重量百分比。

这里需要指出的是，垃圾在实际焚烧炉中，由于空气的对流、辐射，可燃组分的未完全燃烧，残渣中带走的热量以及烟气带走的热量等原因造成热量的损失，因此焚烧炉中可以利用的热值应从总热量中减去各种热损失。这就是为什么从理论上讲垃圾热值只需 3349kJ/kg 即可自燃，4187kJ/kg 即可回收热量（发电），而我国《城市生活垃圾焚烧处理工程项目建设标准》中却规定采取焚烧处理的垃圾其热值应大于 5000kJ/kg 的原因。

（4）挥发分

将烘干（105±5℃）的垃圾放在 800±10℃的马弗炉内，隔绝空气加热 7min，此时试样所失去的重量占烘干试样重量的百分比，即为试样的干燥基的挥发分。

（5）灰分

将烘干（105±5℃）的垃圾放在 800±10℃的马弗炉内灼烧至恒重，冷却后称重，此时残留物质占原试样的重量百分比，即干燥基灰分。

1.6 成分和产量

1.6.1 垃圾成分

影响生活垃圾成分的主要因素有城市的经济发展水平、城市居民的生活习惯和城市所处的地理位置（自然气候）和不同的季节等。一般来说，居民的生活方式、消费习惯将直接影响到生活垃圾中厨余部分的变化，另外，随着季节的变化，垃圾成分也会相应发生很大变化。

随着社会经济的发展和物质生活水平的提高，不仅城市生活垃圾的产生量发生了变化，其成分也发生了很大的变化。主要表现为：纸类、塑料类以及厨房垃圾等有机成分的明显增加和砂石、煤灰等无机成分的明显减少。

我国城市生活垃圾成分的特点是：有机物含量、水分、灰分高，而热值低。我们对比一下中国与发达国家的生活垃圾的成分可以看出，工业发达国家的城市生活垃圾中有机物含量占 80% 以上，其中纸张、塑料等高热值有机物所占的比例较高，在无机物中玻璃、金属等可回收物品的比例也较大。而我国垃圾中无机物所占的比例达 50%，有机物中厨房垃圾等低热值物质占有较大的比例。

但是，近年来随着我国的部分大、中城市煤气和集中供热的普及，垃圾成分也有了很大的变化，城市生活垃圾成分已经相当于发达国家的水平。如 1997 年，重庆市城市垃圾成分有机物含量有了明显的提高，其组成成分见表 1-2。

重庆市城区垃圾组成成分（1997 年）　　表 1-2

类　别	有机物		可回收物			无机物	
	动植物	纤维素	纸、塑料	玻璃	金属	砖石	灰砾
含量(%)	40～45	3～5	5.8～9.5	1～2	0.2～0.5	5～9	35～37
合计(%)	43～50		7～12			40～46	

1.6.2　垃圾产量

影响垃圾产量的主要因素包括城市人口数、消费水平、燃料结构等。

(1) 城市人口

在一定时间内，一定范围的人口变化和人均生活垃圾产量的变化是导致生活垃圾量变化的两个主要因素。其中在一个特定地区，短期内城市人口的增长往往是最主要因素。

根据表 1-3 中的统计数据得出垃圾清运量及城市非农业人口的变化趋势曲线，如图 1-4 所示。城市垃圾量的增长与城市人口增长基本同步，反映出城市人口对生活垃圾产量变化的影响占据着主导地位。针对单独城市的统计也反映出同样的特点。

需要说明的是，一个区域的城市垃圾产量和生活在该地区的城市人口有着直接的联系。城市非农业人口只是其中的一部分，

城市垃圾清运量增长状况 **表 1-3**

年　份	"七五"期间	"八五"期间	1994～1999 年	1986～1999 年
城市非农业人口年平均增长率	6.1%	5.5%	2.7%	4.3%
垃圾清运量年平均增长率	7.8%	8.9%	2.8%	6.5%

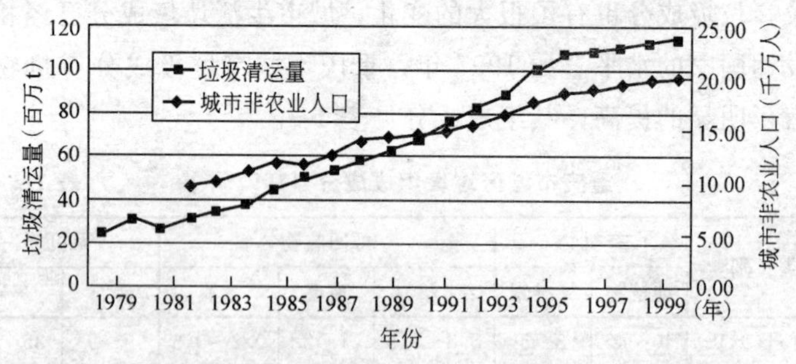

图 1-4　全国城市生活垃圾清运量与城市非农业人口的变化趋势

由于目前还没有完整的对应于垃圾产量的城市人口统计，只能通过间接的城市非农业人口说明垃圾产量的关系。从图 1-4 中可看出，1985～1995 年的 10 年间，垃圾产量的增长速率比非农业人口的增长速率要快。分析其原因，这 10 年间，随着城市经济的发展，城市数量和城区范围扩大，市场的开放，大量农业人口进入城区，实际居住在城市的人口增长速率超过了城市非农业人口的增长率，使得垃圾产量的增长率进一步提高。例如，北京市家庭人均垃圾产量约为 0.6kg/(人·d)，而包括家庭以外的生活垃圾量，实际平均每天产生的生活垃圾量达 1.07kg/(人·d)。

(2) 居民消费水平

根据发达国家的经验，城市垃圾产量与经济发展水平也有密切关系。一般说来，在经济发展初期，城市垃圾产量会随着 GDP 的增长而直线上升，但当发展到一定阶段后，城市垃圾的增长速率就会变缓，并逐渐趋于稳定。

在同一城市，不同收入水平的家庭，其垃圾产量也有区别。

对1997年北京市不同收入的家庭人均垃圾产量的调查统计结果表明，人均月收入少于400元的低收入家庭垃圾产生量较大，月收入在400～800元之间的家庭人均垃圾产量随收入增加而呈下降趋势，但月收入超过800元后，垃圾产量又逐渐增加。随着经济的发展，城市居民收入不断增加，低收入家庭数量会逐步减少，垃圾的产生量将呈上升趋势。

(3) 燃料结构

一般说来，城市的燃气普及率越高，垃圾中的煤灰等无机物会大幅度减少，垃圾产生量也会相应降低。根据1997年对北京市家庭人均垃圾产量的调查统计，使用双气的家庭人均垃圾产量为0.34kg/(人·d)，远远低于使用单气的平房家庭人均垃圾产量[0.67kg/(人·d)]。双气楼房的人均垃圾产量受采暖季节影响较小，全年垃圾产量波动较小，其中冬季因水果等消费量较小反而还有所降低；而单气平房在冬季因需燃煤采暖，人均垃圾产量则明显增高（见表1-4）。

燃料结构对家庭垃圾人均产量的影响　　表1-4

[kg/(人·d)]

地　区	双气楼房组	单气平房组
非采暖期(4～11月)	0.38	0.40
采暖期(11～3月)	0.30	0.94
年平均值	0.34	0.67

从全国范围来看，我国城市燃气的普及率1986年为28.52%，1995年为70%，1999年已上升为81.74%。燃气的普及会使垃圾产生量产生下降的趋势。近十年来，虽然城镇居民人均收入有了大幅度提高，但人均垃圾产量的增幅不大，这与气化率的提高也有一定关系。

1.6.3　城市生活垃圾的产生量计算

城市生活垃圾的产生量随社会经济的发展、物质生活水平的提高、能源结构的变化以及城市人口的增加而增加。准确预测城市生活垃圾的产生量，对制定相应的处理处置政策至关重要。城市生活垃圾产生量可用下式计算。

$$G=W\cdot P\cdot 10^{-3}\cdot 365 \tag{1-6}$$

式中 G——城市生活垃圾的产量，t/年；

W——城市生活垃圾的产率或产出系数，kg/(人·d)；

P——城市人口数，人。

影响城市生活垃圾产量的主要因素包括城市人口、收入水平、能源结构、消费习惯、季节变化等。一般认为城市生活垃圾的产率系数同国民生产总值GNP呈正的相关关系，随着国民收入的增长而增长。

在实际工作中，还常采用“载重统计法”来确定城市生活垃圾的产生量，即通过统计一定时间内运出某一地区的垃圾总量，然后除以该地区的人口总数。用载重统计法计算垃圾的产生量，只能反映垃圾的清运量，它不包括居民自行处置、运往别的转运站或存放在住宅区内的垃圾。一般说来，垃圾的产生量大于清运量。我国目前城市生活垃圾产生量的数据基本上是由载重统计法得到的。

此外，垃圾产生量也可以用物流衡算法计算，即通过统计居民日常消费品的种类和数量，考虑各类商品的耐用时间，最后求出垃圾产率。但这种计算方法十分复杂，统计数据的准确性也受多种因素影响，一般情况下较少采用。

1.7 垃圾处理方案概述

由于城市生活垃圾处理方式和技术的选择受垃圾成分、经济发展水平、能源结构、自然条件及传统习惯等因素的影响，因而每个城市垃圾处理技术的选择可能各不相同，没有统一和固定的模式。目前，国内外应用较广泛的城市生活垃圾处理方法包括卫生填埋、焚烧、堆肥、热解、生物制气及综合利用等技术。

1.7.1　卫生填埋技术

卫生填埋是城市垃圾处理技术中必不可少的最终处理手段，目前在世界上得到广泛应用，同时也是现阶段我国垃圾处理采用的主要方式。

卫生填埋是指对适当的场地按照现代工程技术和环境卫生标准进行建设，通过对垃圾的填埋、覆盖、压实，渗出液的导排、防渗处理和填埋气的收集利用，最终对填埋场进行封场覆盖，从而将垃圾产生的危害降到最低的处理技术。根据填埋场中垃圾降解的机理，卫生填埋可分为好氧、厌氧和准好氧三种类型。

垃圾卫生填埋的优点为：初期投资低，适用性强，可接纳各种废弃物，处理能力大；建设投资除征地费较难确定外，一般而言，生产性投资较少，运行费用低，不受垃圾成分变化和气候变化的影响。如有适当的土地可资利用，垃圾填埋处理是一种最为经济的城市垃圾处理方式。因此，在经济相对落后的内地中小城市，近期内仍将以卫生填埋作为城市垃圾处理的主要技术方式。

城市垃圾卫生填埋处理方式应用中最大的问题是场地选择困难。不是所有城市近郊都能找到合适的填埋场地。

卫生填埋目前在全世界所占的比例虽然很大，但随着城市垃圾处理向热力处理方向发展以及资源和能源回收工作的加强，再加之填埋场对场地的严格要求，选址相对困难，填埋法作为一种城市垃圾处理的基本方式所占的比例将会不断减小。尽管如此，填埋法作为其他处理方法的最终处置方式，仍是不可替代的。

1.7.2　焚烧技术

焚烧是目前城市生活垃圾处理的有效途径之一。焚烧是一种高温热处理技术，即以一定量的过剩空气与固体废弃物在焚烧炉内进行氧化燃烧反应。生活垃圾中的有毒有害物质在800～

1200℃的高温下氧化、热解而被破坏，是一种可同时实现垃圾无害化、减量化、资源化的处理技术。在工业发达国家，焚烧法已被作为目前城市垃圾处理的主要方法之一，并得到广泛利用。

焚烧法具有以下优点：

1）减容效果好，垃圾中的可燃成分被高温分解后，一般可减容80%～90%，因此焚烧后残渣的处理所需库容小，可节约填埋场占地；

2）消毒彻底，焚烧炉产生的高温，可彻底分解垃圾中的有害物质，并将垃圾中的病原体彻底杀灭；

3）可回收资源或能源，垃圾焚烧所产生的高温烟气，其热能被废热锅炉吸收转变为蒸汽，用来供热及发电。此外，垃圾焚烧还可以回收铁磁性金属等资源，可以充分实现垃圾处理的资源化；

4）减轻或消除后续处置过程对环境的影响，燃烧过程中产生的有毒有害气体和烟尘经处理后达到排放要求，无害化程度高。因此，焚烧厂可以靠近市区修建，可以缩短垃圾的运输距离，节省收运费用；

5）垃圾焚烧厂占地面积小，对用地紧张的城市尤为重要；

6）焚烧处理可全天候操作，不易受天气影响。

当然，焚烧法也有其局限性。首先，焚烧法投资大，占用资金周期长，运行复杂，管理费用高；其次，焚烧对垃圾热值有一定的要求，一般不能低于3344kJ/kg，我国《城市生活垃圾焚烧处理工程项目建设标准》要求进入焚烧炉的垃圾低位热值不能低于5000kJ/kg，限制了它的应用范围；另外，焚烧过程产生的“二恶英”问题，必须投入很大的资金才能有效进行处理。

1.7.3 堆肥化技术

堆肥化技术，是指依靠自然界广泛分布的细菌、放线菌、真菌等微生物，通过人工控制堆肥环境条件，从而促进可生物降解的有机物向稳定的腐殖质转化的生物化学技术。堆肥化可以使有机固体废物实现“无害化”、“减量化”、“资源化”。

堆肥技术按微生物对氧的需求分为高温好氧堆肥、厌氧堆肥技术；按堆肥物料运动形式分为静态堆肥、动态堆肥技术。动态堆肥技术又分为间歇动态堆肥、连续动态堆肥技术等。厌氧堆肥技术由于其发酵周期长，异味大，腐熟度不高而逐渐被高温好氧堆肥所取代。

通常按照堆肥技术的复杂程度，将堆肥系统分为条垛式堆肥系统、通风静态垛系统、反应器系统（或发酵仓系统）。

1.7.4　物质回收利用技术

经过长时期的研究探索，发达国家逐渐形成了以分类收集为主导的物质回收利用技术。物质回收利用是通过各种技术，包括从源头上分类回收、垃圾的分选以及结合一种或几种处理技术，回收其中的有用物质和资源，实现固体废物的无害化、减量化和资源化的技术。

20世纪80年代以前，城市垃圾大部分是混合收集，不进行分类。因而要采用破碎机和分选设备提取城市垃圾中的有用物质。国外一些从事废物处理设备和工艺研制的厂商和专业公司利用机械破碎分选法对垃圾进行破碎分选处理。他们把从垃圾中分选回收出的废纸、废塑料、废金属、废玻璃等成分提供给有关厂商作二次原料使用，达到变废为宝、丰富社会资源的目的。国外垃圾分选中心使用的分选设备自动化程度比较高。这些设备主要是根据各种不同废物的物理性能，分别利用磁选、电导、光电、振动、离心、浮选等方法分选垃圾。利用磁选法分选废铁；利用光滤系统和光电管可以分选各种玻璃；利用振动弹跳法可以分选出软硬物质；利用锥形旋风分离器或其他离心式分离器可分选相对密度不同的物质；利用弯曲管道底部送风法可分选轻重物质。

尽管从垃圾中回收资源的前景广阔，但采用上述方式对混合

三种主要的生活垃圾处理技术比较　　表 1-5

比较项目	卫生填埋	焚烧	堆肥
技术可靠性	可靠，属传统处理方法	较可靠，国外属成熟技术	较可靠，我国有实践经验
工程规模	取决于作业场地和使用年限，一般均较大	单台炉规格常用 150～500t/d，焚烧厂一般安装 2～4 台焚烧炉	动态间歇式，堆肥厂常为100～200t/d，动态连续式堆肥厂常为100～200t/d
选址难易度	较困难	有一定难度	有一定难度
占地面积	大	小	小
建设工期	9～12 个月	30～36 个月	12～18 个月
适用条件	对垃圾成分无严格要求，但含水率过高不适用	要求垃圾的低位热值大于3767kJ/kg	要求垃圾中可生物降解有机物含量大于 40%
操作安全性	较好，沼气导排要畅通	较好，严格按照规范操作	较好
管理水平	一般	很高	较高
产品市场	有沼气回收的卫生填埋场，沼气可用作发电等	热能或电能可为社会使用，需有政策支持	落实堆肥市场有一定困难，须采用多种措施
能源化意义	沼气收集后用以发电	焚烧余热可发电	采用厌氧发酵工艺，沼气收集后用以发电
资源利用	封场后恢复土地利用或再生土地资源	垃圾分选可回收部分物质，焚烧残渣可综合利用	堆肥用于农业种植和园林绿化，并可回收部分物资
稳定化时间	5～7 年	2h 左右	15～30d
最终处置	填埋本身是一种最终处置技术	焚烧残渣须作处置，约占进炉垃圾量的 10%～15%	不可堆肥物须作处置，约占进厂垃圾量的 30%～40%

续表

比较项目	卫生填埋	焚烧	堆肥
地表水污染	应有完善的渗滤水处理设备，但不易达标	残渣填埋时与垃圾填埋方法相仿，但含水量较小	可能性较小，污水应经处理后排入城市管网
地下水污染	须有防渗措施，但仍可能渗漏。人工衬底投资大	可能性较小	可能性较小
大气污染	有轻微污染，可用导气、覆盖、建隔离带等措施控制	应加强对酸性气体和二恶英的控制和治理	有轻微气味，应设除臭装置和隔离带
土壤污染	限于填埋场区域	无	须控制堆肥中的重金属含量和 pH 值
主要环保措施	场底防渗、每天覆盖、填埋气导排、渗滤水处理等	烟气治理、噪声控制、残渣处置、恶臭防治等	恶臭防治、飞尘控制、污染处理、残渣处置等
投资（万元/t）（不计征地费）	18～27（单层合成衬底，压实机引进）	50～70（余热发电上网，国产化率50%）	23～32（制有机复合肥，国产化率 60%）
处理成本（元/t）（不计折旧及运费）	22～31	30～60	25～45
处理成本（元/t）（计折旧不计运费）	35～55	80～140	50～80
技术特点	操作简单，工程投资和运行成本均较低	占地面积小，运行稳定可靠，减量化效果好	技术成熟，减量化、资源化效果好
主要风险	沼气聚集引起爆炸，场底渗漏或渗滤水处理不达标	垃圾燃烧不稳定，烟气治理不达标	因生产成本过高或堆肥质量不佳而影响产品销售

收集的城市垃圾进行分类的效果并不理想，在末端工序上仍需进行大量的人工分选。而且技术复杂、投资大、运行费用高、能耗高、二次污染严重。另外，城市垃圾中的各种构成物质在混合收集过程中相互污染，大大降低了其回收利用价值。

通过十余年的机械分选技术研究，总结其经验和教训，人们已经认识到，真正意义上的垃圾分类，应该从城市垃圾产生源开始，为了得到清洁单一的可回收物质，城市垃圾分类收集是实现垃圾减量化和资源化的最优选择。垃圾分类收集提供了一种可持续发展的以资源化为主导的城市垃圾收运方式，是实现垃圾减量化和资源化的有效途径。

1.7.5 垃圾处理方法比较

上述几种固体废物处理技术，目前在城市生活垃圾处理中应用较多的是卫生填埋、堆肥化、焚烧三种技术，而物质回收利用技术作为符合国家可持续发展战略的一种处理技术，代表今后垃圾处理发展的主流。表1-5是对卫生填埋、堆肥、焚烧等三种垃圾处理技术进行的综合比较。

1.8 国内外垃圾处理技术应用情况

1.8.1 国外应用情况

城市生活垃圾处理方法的确定，主要取决于生活垃圾成分、城市气候条件、地理环境、居民生活和生产习惯及城市总体经济实力等。国外发达国家根据自身的实际情况和条件选择适宜的垃圾处理技术。主要发达国家生活垃圾处理情况见表1-6。

由表1-6可以看出，世界各国选择的垃圾处理方法所占比例各不相同，填埋在20％～88.5％之间变化，焚烧在8％～70％之间变化。从中也可以看出一些规律。

部分国家垃圾处理技术统计（1997年统计资料） 表1-6

国家	处理方法比例(%)			
	卫生填埋	焚烧	堆肥	其他
美国	62.5	20	3	14.5
英国	88.5	10	0	1.5
日本	20	62.5	3	14.5
荷兰	49	37.5	5	8.5
意大利	74	20	6	—
德国	49	37.5	2	11.5
法国	48	40	10	2
西班牙	62.5	8	17	12.5
瑞士	21	70	3	6
瑞典	37	48	3	12
加拿大	81	10	0	9

1）对于国土面积小、人口密度大、能源紧缺以及国民平均收入很高的国家，如瑞士、日本等国，选择垃圾焚烧处理的比例都超过了50%，瑞士甚至达到70%。这些国家垃圾热值除日本略低外，其余均在2500～3000kcal/kg（9600～12500kJ/kg）。

2）卫生填埋作为垃圾的最终处置手段，每个国家都在采用，即使在瑞典、瑞士、日本这样土地紧缺的国家，填埋的比例也占到了20%以上，而一些国土较大的工业发达国家，如美国、英国、西班牙、加拿大，填埋处理所占比例在50%以上，英国甚至达到了88.5%。因为英国国土虽不大，但其不透性黏土甚多，所以填埋处理的比例很高。

3）一些农业较发达的国家，垃圾堆肥或有机复合肥销路较好，其堆肥处理也占到了极高的比例，如法国、西班牙等国堆肥处理都占了10%以上。除了高温好氧堆肥外，最近厌氧堆肥并生产沼气又有新的发展。

4）有些国家正在兴起从源头减少垃圾，垃圾分装、有用物品回收以及生产建材、筑路原料等，使垃圾进一步资源化，同时减少垃圾处理的负荷。

近十年来，在可持续发展和循环经济理论的推动下，国外垃圾处理开始从卫生填埋、焚烧等单一方式向无害化、减量化、资源化的综合处理方式发展。欧美、日本等发达国家开发出从垃圾产生源分类回收分别处理的方法，从城市生活垃圾中分选出可再生物质（如废纸、废塑料、金属、玻璃等）、建筑垃圾、煤渣灰和可腐有机物，经过不同的处理厂进行无害化处理。

1.8.2 国内应用情况

在我国环保政策的引导下，人们的环保意识愈来愈强。随着社会发展，城市生活垃圾处理逐步由垃圾处理的无害化、减量化向资源化过渡。由于国内各地区经济水平有较大差异，垃圾组分、含水率、热值等参数差别较大，可以说国内垃圾处理技术处于多样化形式。

我国目前已经建成的大型垃圾处理项目中，大多数采用的是卫生填埋方法，较大型的已建垃圾卫生填埋场有：杭州天子岭卫生填埋场（处理量：1500t/d 生活垃圾）、上海市废弃物老港处置场（处理量：6000t/d 生活垃圾）、深圳下坪卫生填埋场（处理量：1800t/d 生活垃圾）、北京阿苏卫卫生填埋场（处理量：1500t/d 生活垃圾）、重庆市长生桥垃圾填埋场（处理量：1500t/d 生活垃圾）等。

垃圾焚烧只在少数经济发达、用地紧张地区，如深圳、珠海、上海等地有采用，如深圳在 20 世纪 80 年代末就引进了焚烧生产线，但焚烧技术如炉排技术，大多由国外公司申请了专利，设备和技术引进将大量增加工程投资。

堆肥技术的采用受垃圾中有机成分的影响，且堆肥处理规模一般较小，堆肥销售市场受当地施肥习俗，季节变化的影响较大。但是由于堆肥化处理不仅可实现垃圾的无害化、减量化，还可获得堆肥产品，随着我国社会经济的快速发展及城镇居民生活水平的不断提高，垃圾成分中有机物含量增加，煤渣、砖瓦等无机成分逐步减少，将为垃圾的堆肥化处理提供更有利的条件。

第2章　固体废物的收集、运输

垃圾的收集、运输是连接发生源和处理设施的重要环节，在固体废物管理体系中占有非常重要的地位。因此，如何提高固体废物的收运效率对于降低固体废物处理处置成本、提高综合利用效率、减少最终处置的废物量都具有重要意义。

城市生活垃圾包括居民生活垃圾、商业垃圾、建筑垃圾、园林垃圾及粪便等。一般商业垃圾和建筑垃圾由产生单位自行清运，园林垃圾和粪便则由环卫部门负责定期清运，而居民生活垃圾由于发生源分散，总产量大，成分复杂，收集工作十分困难，在城市管理中是一个不可忽视的问题。本章重点讨论城市生活垃圾的收集、运输问题。

2.1　垃圾收集

2.1.1　收集方式分类

垃圾收集方式按分类与否可分为混合收集和分类收集；按收集的时间又可分为定时收集和随时收集。

(1) 混合收集

混合收集是指统一收集未经任何处理的原生固体废物的收集方式。其历史悠久，应用广泛。

混合收集的优点是：比较简单易行，收集费用低。

混合收集的缺点是：各种废物相互混杂、粘结，降低了废物中有用物质的纯度和再利用价值，同时增加了处理的难度，提高了处理费用。

(2) 分类收集

分类收集是指按废物的种类和组分分别进行收集的方式。分类收集时一般应遵循如下原则：

1) 工业废物与城市垃圾分开（产量、性质、产生地及管理和处理处置方式不相同）；

2) 危险废物与一般废物分开（危险废物特性，管理及处理处置费用高）；

3) 可回收利用物质与不可回收利用物质分开（提高废物资源的纯度，从而提高利用价值）；

4) 可燃烧物质与不可燃烧物质分开（有利于处理处置方法的选择和提高处理效率）。

分类收集的优点是：可以提高回收物料的纯度和数量，减少需处理的垃圾量，有利于废物的进一步处理和再利用，并能够较大幅度地降低废物的运输及处理费用，降低整个废物管理的费用和处理处置成本。

分类收集的缺点是：真正实现分类收集相当困难，尤其是分类收集的组织工作非常复杂，而且需要依靠宣传教育、立法并附以相应的垃圾分类收集条件，提高城市居民主动分类存放、集中出售有用物质的积极性。在一个城市推行分类收集，首先要依靠严密的组织，并采取有效措施，使分类收集的推广实施能够持续下去。

近年来，我国城市生活垃圾管理取得了长足进步，垃圾收集实现袋装化，并逐渐向分类收集过渡。2000 年 6 月，建设部公布了《关于生活垃圾分类收集试点城市的通知》，确定北京、上海、广州、深圳、杭州、厦门、桂林、南京等 8 个城市为首批生活垃圾分类收集试点城市。

混合收集和分类收集方式都需要通过不同的收集方法来实现。选择何种收集方法并制定何种制度，一般应考虑下列因素：

废物的产生方式、废物的种类、公共卫生设施和设备的完善程度、地方条件和建筑性质、卫生要求程度、处理处置方式等。

(3) 定期收集

定期收集是指按照固定的时间周期对特定废物进行收集的方式，它是常规收集的补充手段。

定时收集的优点是：可以将暂存废物的危险性降低到最低程度；可以有计划地使用运输车辆；有利于处理处置规划的制定。

定时收集方式适用于危险废物和大型垃圾的收集。

(4) 随时收集

随时收集是指随时对废物进行收集的方式。通常用于产生量无规律的固体废物，如采用非连续生产工艺或季节性生产的工厂产生的废物。

2.1.2 城市生活垃圾的收集方式

国内外对城市生活垃圾收集方式都以方便居民为主要目的，设置的垃圾收集设施或应用的工具都在居民进出住宅或在其经常活动的范围内必须经过的道路附近，以便将垃圾随时方便地投入垃圾收集容器内。

目前，国内外绝大多数城市仍采用混合收集方式收集城市生活垃圾。居民将各种垃圾混合装入袋中后送到垃圾收集点的垃圾桶内，由环卫清运部门用垃圾收集车定时运走。

(1) 垃圾管道收集方式

生活垃圾由居民从设置在每层楼内的垃圾倾倒口投入垃圾管道内，垃圾依靠自重下落到垃圾管道底部，由工人装上垃圾收集车，送往垃圾处置场或垃圾中转站。

垃圾管道曾是我国广泛采用的高层及多层住宅垃圾收集设施。清运垃圾时，清洁工人将垃圾出口闸门打开后，垃圾直接进入垃圾收集车内。在这种垃圾收集过程中，轻质物和灰尘四处飘扬，由于没有垃圾渗滤液收集导排系统，垃圾道出口附近污水聚集，天热时臭气扩散，容易成为蚊蝇孳生地和虫鼠的藏身地。

由于垃圾收集过程中的二次污染严重，近年来，新建的住宅楼大都取消了垃圾管道，采用其他方式收集垃圾。

(2) 固定式垃圾箱收集方式

固定式垃圾箱收集方式是一种以固定式水泥垃圾箱和箱内垃圾定时收集为基本特征的非密闭化垃圾收集方式。如图 2-1 所示，生活垃圾袋装后由居民送入水泥垃圾箱，在指定的时间内由垃圾车将箱内垃圾清运送往垃圾处理场或垃圾中转站。

生活垃圾袋装 —居民→ 水泥垃圾箱 —垃圾收集车→ 处理场或中转站

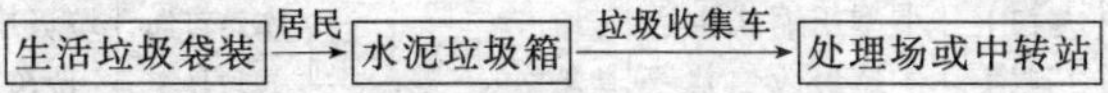

图 2-1 固定式垃圾箱垃圾收集方式作业流程图

早期建成的水泥垃圾箱常是无顶的简易垃圾箱，刮风时，塑料、废纸等轻质物四处飘散；下雨时垃圾受到雨水浸泡，渗滤液四溢。简易垃圾箱的管理困难，影响四周环境卫生，雨季时，垃圾含水率过高，给垃圾的运输处理带来困难。

近年来，许多城市将固定垃圾箱加上顶棚，改造成封闭式水泥垃圾箱，解决了垃圾受水浸泡的问题，但给垃圾清运人员作业带来了困难。目前，固定式水泥垃圾箱的收集方式正逐渐被淘汰。

(3) 垃圾箱房收集方式

垃圾箱房收集方式是一种非密闭化垃圾收集方式。如图 2-2 所示，生活垃圾袋装化后由居民送入放置于住宅楼下或进出道路两侧的垃圾箱房的垃圾桶内，垃圾桶为圆形的或方形的，底部有轮子。用垃圾收集车来收集桶内的垃圾，然后运往垃圾处理场或垃圾中转站。

生活垃圾袋装 —居民→ 箱房内垃圾桶 —垃圾收集车→ 处理场或中转站

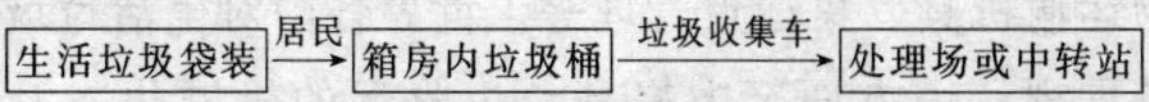

图 2-2 垃圾箱房收集方式作业流程图

这种方式各地均有。由于垃圾一般会散掉在室内垃圾桶外，时间稍长就会滋生蚊蝇，产生臭气。

(4) 小型压缩式生活垃圾收集站

最近几年，在一些大城市的部分居住小区或商业网点建造了一些小型压缩式垃圾收集站。在压缩式收集站内安装有压缩机，将从居民处收集来的垃圾由压缩机装到集装箱内，再由车厢可卸式垃圾车将集装箱直接拉走。它的最大优点就是能提高集装箱内的装载量，并能减少垃圾收集点的数目。

图 2-3 所示为小型压缩式垃圾收集站收集方式的作业流程。

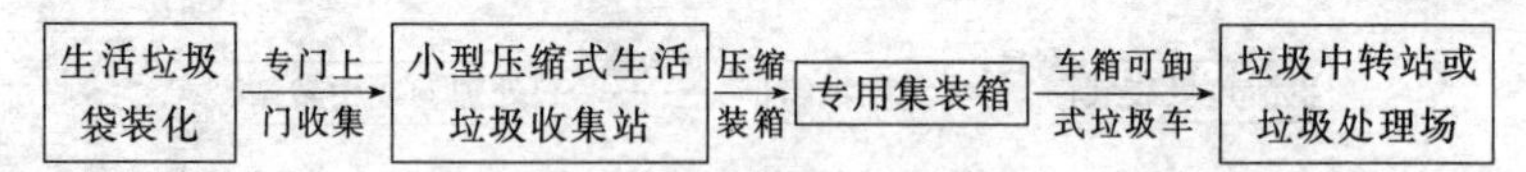

图 2-3 小型压缩站生活垃圾收集站收集方式流程图

2.1.3 收集容器

城市垃圾收集容器：垃圾袋、桶、箱，其规格尺寸应与收集车辆相匹配，以便机械化操作。垃圾箱和桶可分为大、中、小三种类型。容积大于 1.1m^3 的垃圾箱和桶称为大型垃圾箱容器；容积 0.1～1.1m^3 的垃圾箱和桶称为中型垃圾容器；容积低于 0.1m^3 的垃圾箱和桶被称为小型垃圾容器。

2.2 固体废物的运输

城市生活垃圾运输是废物收运系统的主要环节，也是在整个系统中研究最多的一个方面。它涉及的范围很广，如生活垃圾的运输方式、收运路线的规划设计、废物运输使用的专用收运机具、废物运输机具、集运点管理等。世界各国对生活垃圾收运环节都比较重视，一方面努力提高垃圾收运的机械化、卫生化水平，另一方面在稳步实现垃圾运输管理的科学化。

固体废物的运输方式主要有：车辆运输、船舶运输、管道运输等。

(1) 车辆运输

车辆运输历史最长，应用范围最广泛。车辆运输应考虑的问题是：车辆与收集容器相匹配，装卸的机械化，车身的密封，对废物的压缩方式，中转站类型，收集运输路线以及道路交通情况等。

收集车类型的选择应根据当地的经济、交通、垃圾组成特点、垃圾收运系统的构成等实际情况，开发使用与其相适应的垃圾收集车。一般应根据整个收集区内不同建筑密度、交通便利程度和经济实力选择最佳车辆规格。按装车形式大致可分为前装式、侧装式、后装式、顶装式、集装箱直接上车等形式。车身大小按载重量分，额定量约10～30t，装载垃圾有效容积为6～25m^3（有效载重量约4～15t)。

(2) 船舶运输

船舶运输适用于大容量的废物运输，水路交通方便的地区应用较多。船舶运输由于装载量大、动力消耗小，运输成本一般比车辆运输和管道运输要低。但是，船舶运输一般需要采用集装箱方式，所以，对中转站码头以及处置场码头必须配备集装箱装卸装置。另外，在船舶运输过程中，特别要注意防止由于废物泄漏对河流的污染。上海老港垃圾填埋场就是采用船舶运输方式。

(3) 管道运输

管道运输又分为空气运输和水力运输。

空气输送的速度比水力输送的速度大得多（20～30m/s)，所需动力和对管道的磨损也较大，且长距离输送容易发生堵塞（最远不大于7km)。空气输送可分为真空方式和压送方式。真空输送适用于产生源向一点输送，由于管道内呈负压，臭气和粉尘不会向外泄漏，但由于负压有限，不适于长距离输送（一般为1.5～2.0km)。压送方式适用于供应量一定，长距离（7km)、高效率输送，压力管道的气密性要求较高，停运后，重新启动困难。

水力输送在安全性和动力消耗方面优于空气输送，可以实现低速、高浓度的输送，从而降低输送成本，主要问题是水源的保障和输送后水处理的费用。

2.3 固体废物的中转

在城市垃圾收运系统中，第三阶段操作为转运。它是指利用中转站将从各分散收集点较小的收集车清运的垃圾，转装到大型运输工具并将其远距离运输至垃圾处理利用设施或处置场的过程。转运站就是指进行上述转运过程的建筑设施与设备。

2.3.1 垃圾转运站设置

固体废物可以从产生地直接运往处理处置场，也可经中转站再运往处置场。垃圾近距离运输时，常采用垃圾收集车直接运送至垃圾处理场，它比采用大载重量运输车经济且方便。当垃圾需远距离运输时，采用大载重量运输车运输比垃圾收集车经济（单位里程单位质量垃圾运输费用高，且闲置2～3个操作人员）。而从选址、土地利用、环境保护与环境卫生角度出发，垃圾处理工厂或垃圾处置场常常设在离城市较远的地方，垃圾常需远距离运输。因此，设立中转站进行垃圾的转运就显得必要，其突出的优点是可以更有效地利用人力和物力，使垃圾收集车更好地发挥其效益，也使大载重量运输工具能经济而有效地进行长距离运输。

是否设置中转站，主要视经济性而定。经济性取决于两个方面：一方面是有助于垃圾收运的总费用降低，即由于长距离大吨位运输比小车运输的成本低或由于收集车一旦取消长距离运输能够腾出时间进行更有效地收集；另一方面是对转运站、大型运输工具或其他必需的专用设备的大量投资会提高收运费用。因此，有必要对当地条件和要求进行深入经济性分析。一般来说，运输距离长，设置转运站合算。

2.3.2 中转站的作用

1）集中收集和储存来源分散的各种固体废物；

2）对各种废物进行适当的处理；

3）降低收运成本。

2.3.3 中转站类型与设置要求

（1）中转站类型

中转站使用广泛、形式多样，通常按转运能力分为：

1）小型中转站：日转运量 150t 以下；

2）中型中转站：日转运量 150～450t；

3）大型中转站：日转运量 450t 以上。

转运站的规模应由每天转运的垃圾量确定，转运量可按下式计算：

$$Q=\delta\times n\times q/1000 \tag{2-1}$$

式中 Q——转运站的日转运量，t/d；

δ——垃圾产量变化系数，取 1.3～1.4；

n——服务区域的实际人数，人；

q——服务区域的人均垃圾日产量，kg/(人·d)，取 0.95～1.1kg/(人·d)。

（2）中转站设置要求

在大、中城市，通常设置多个垃圾中转站。每个中转站必须根据需要配置必要的机械设备和辅助设备，如铲车及布料用胶轮拖拉机、卸料装置、挤压设备和称量用地磅等。根据《城市环境卫生设施规划规范》（GB 50337—2003），公路中转站要满足以下一般要求。

1）公路中转站的设置数量和规模取决于收集车的类型、收集范围和垃圾转运量，一般每 10～15km^2 设置一座中转站，一般在居住区或城市的工业、市政用地中设置，其用地面积根据日转运量确定，见表 2-1。

中转站用地标准 **表 2-1**

转运量(t/d)	用地面积(m^2)	附属建筑面积(m^2)
150	1000～1500	100
150～300	1500～3000	100～150
300～450	3000～4500	200～300
＞450	＞4500	＞300

2）城市垃圾中转站操作管理不善，常给环境带来不利影响，引起附近居民的不满。故大多数现代化及大型垃圾中转站都采用封闭形式，注意规范的作业，并采取一系列环保措施。

3）有露天垃圾场的直接装卸型中转站，要防止碎纸等废物到处飞扬，故需设置防风网罩和其他栅栏。

4）当垃圾暂存待装时，中转站要对贮存的废物经常喷水以免飘尘及臭气污染周围环境，工人操作要戴防尘面罩。

5）中转站一般均设有防火设施。

6）中转站要有卫生设施，并注意绿化，绿化面积应达到10％～20％。

2.3.4 中转站选址

中转站选址时要综合考虑以下几个方面：

1）尽可能位于垃圾收集中心或垃圾产量多的地方；

2）靠近公路干线及交通方便的地方；

3）对居民和环境危害最少的地方；

4）进行建设和作业最经济的地方。

此外中转站选址应考虑便于废物回收利用及能源生产的可能性。

2.4 固体废物收运系统的优化

2.4.1 垃圾收运系统

垃圾收运系统一般由五个阶段组成。

第一阶段：居民将垃圾从家庭运到公共垃圾容器的过程；

第二阶段：垃圾装车过程；

第三阶段：垃圾收集车辆按收运路线（微观路线）在各个垃圾存放点之间的运动过程；

第四阶段：垃圾由各收集区域运到中转站或处理处置设施的过程（宏观路线或区域路线）；

第五阶段：垃圾由各中转站运到处理处置设施的过程。

2.4.2 微观路线优化

微观路线又称为实际收集路线，是指垃圾收集车在指定的收集区域内所行驶经过的实际收集路线。微观路线设计的主要问题是卡车如何通过一系列的单行线或双行线街道行驶，以使得整个行驶距离最小。换句话说，其目的就是使空载行程最小，这样整个收集过程就最有效、最经济。

经过多年的研究，提出了一整套用于确定实际路线的法则：

1）行驶路线不应重叠，而应紧凑和不零散；

2）起点应尽可能靠近汽车库；

3）交通量大的街道应避开高峰时间；

4）在一条线上不能横穿的单行街道应在街道的上端连成回路；

5）一头不通的街道在街道右侧时应予以收集；

6）环绕街区尽可能采用顺时针方向。

2.4.3 宏观路线优化

宏观路又称为区域路线，是指装满垃圾后，收集车去往转运站（或处理处置场）需走过的地区或街区。对于一个小型的独立的居民区，确定宏观路线的问题就是去寻找一条从路线的终端到处置地点之间最直接的道路。而对于区域系统或面积较大的城区，通常可以使用分配模型来规划区域路线，从而获得最佳的处置与运输方案。所谓的分配模型，其基本概念是在一定的约束条件下，使目标函数达到最小。在区域路线设计工作中使用该模型可以将其优点极大地发挥出来。该技术中使用得最普通的是线性规划。

假定有一个简单的系统，如图 2-4 所示。在四个废物源地区产生的垃圾（用收集区的矩心表示）分配到两个处置场所。目标是达到成本最低。同时，必须满足几项要求（最优化模型中的约束条件）：

1）每一个处置场所（例如填埋场）的能力是有限的；

2）处置废物的数量必须等于废物的产生量；

3）收集路线矩心不能充当处置地点，从每个收集区运来的废物总数量必须大于或等于零。

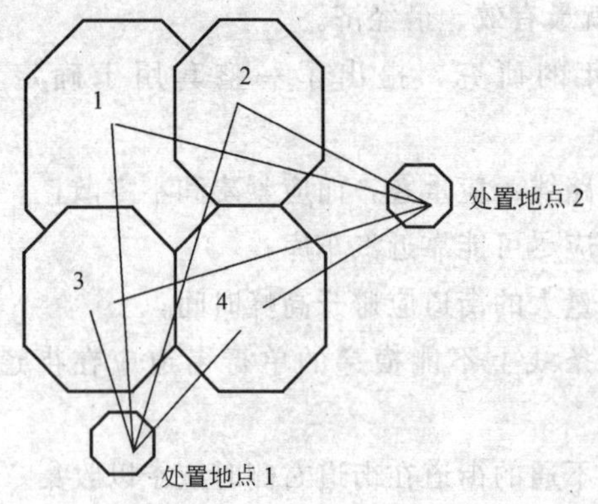

图 2-4　系统优化示意图

$$目标函数\ f(x)=\sum_{i=1}^{N}\sum_{k=1}^{K}x_{ik}c_{ik}+\sum_{k=1}^{K}(F_k\sum_{i=1}^{N}x_{ik})\ 最小$$

$$结束条件\begin{cases}\sum_{i=1}^{N}x_{ik}\leqslant B_k\ 对于所有的\ k;\\ \sum_{k=1}^{K}x_{ik}=W_i\ 对于所有的\ i;\\ x_{ik}\geqslant 0\ 对于所有的\ i。\end{cases}$$

式中　X_{ik}——单位时间内从废物源 i 运到处置地点 k 的废物数量；

C_{ik}——单位数量废物从废物源 i 运到处置地点 k 的费用；

F_k——在处置地点 k 按单位数量废物计算的处置费用（包括投资和工作费用）；

B_k——处置地点 k 的处置能力，用单位时间内处置的废物量表示；

W_i——在废物源 i 处，单位时间内产生的废物总数量；

N——废物源 i 的数量；

K——废物处置场所 k 的数量。

如果在废物源和处置场之间还有中转站或其他处理设施，则宏观路线的确定会变得更加复杂。

2.4.4　收运系统模式的设计

收运系统模式的设计内容包括：确定采用有中转收运模式或无中转收运模式；确定生活垃圾收集方式，即流动车辆收集或收集站收集；配置系统硬件（包括车辆、中转站布点及设备等）；制定作业规程。

收集系统模式设计的一般步骤如下：进行城市生活垃圾产量、成分统计及预测，生活垃圾分布及预测；按照可持续发展要求，制定城市生活垃圾处理规划，包括处理工艺的确定，处理厂（场）的布点及处理能力确定；按照整洁、卫生、经济、方便、协调原则确定生活垃圾收集方式；按照经济、协调原则确定是否要采用中转；按照经济、协调原则及城市基本情况（如道路等）配置系统硬件；根据经济、协调及系统硬件的特性制定作业规程。收运系统模式设计一般需要有一个反复的过程，通过各种因素的比较和权衡，最后获得最佳的生活垃圾收运模式。

2.5 垃圾压实技术

压实又称压缩，即是利用机械的方法增加固体废物的聚集程度，增大密度和减少体积，使其便于装卸、输送、贮存和填埋。

2.5.1 压实目的和原理

(1) 目的

由于城市垃圾的密度较小，在自然条件下一般只有0.3～0.5t/m^3，这给垃圾运输和处理带来许多不便，为此，可以采用压缩技术增大密度，缩小体积。垃圾压缩技术有以下几方面的应用：

1) 在垃圾转运站或垃圾运输车辆上，采用压缩装置压缩垃圾，可以增加车辆的装载量，提高运输效率，又能挤出垃圾的水分，减少垃圾含水率，减少二次污染。

2) 在垃圾填埋过程中，采用压实机械，把松散的垃圾压实，使填埋垃圾密度大于0.6t/m^3，这样可以缩小垃圾体积，节省填埋体积，同时可以减少蚊蝇、鼠类的滋生，减少对环境的污染。

3) 在垃圾预压缩时，可以采用固定式压缩机械，把垃圾压缩成块，可作为填筑材料使用。

因此压实的主要目的是减少固体废物的体积，增大密度，增加收集运输车辆的收集量，同时压缩成型，也便于装卸、输送、贮存和填埋。

以城市固体废物为例，压实前密度通常在0.1～0.6t/m^{3}范围，经过压实器或一般压实机械压实后密度可提高到 1t/m^3 左右，因此，固体废物填埋前常需进行压实处理，尤其对大型废物或中空性废物事先压碎更显必要。

适合压实处理的主要是压缩性能大而复原性小的物质，如金属丝、金属碎片、纸、纤维等，而对木头、玻璃、金属等密实的固体以及焦油、污泥等液态废物不宜作压缩处理。

(2) 压实原理

由于固体废物颗粒与颗粒之间存在空隙，同时固体废物颗粒内部分子之间也存在空隙，压实即是利用机械的方法，将颗粒与颗粒之间的空隙率减小（60%），若采用高压压实，还可以将颗粒分子之间的晶格破坏，使物质变性，从而使体积显著减小。

2.5.2 压缩比

压缩比指固体废物压缩前与压缩后的体积比，用 r 表示。压缩倍数定义为压缩后和压缩前的体积比，用 n 表示，n 与 r 互为倒数。

压缩比 r 一般为 3～5，若同时采用破碎与压实，则 r 可达 5～10。

第3章 固体废物的预处理

固体废物的种类多种多样，其形状、大小、结构及性质各有很大的不同，比如有金属废物、汽车、电器、纸张、塑料、生活垃圾等。在生活垃圾中又包括有厨房垃圾、菜叶、树叶、西瓜皮等。为了便于对它们进行合适的处理和处置，往往要经过预加工处理。

对于要填埋的废物，通常要把废物按一定方式压实，这样它们在运输过程中可以减少运输量和运输费用，在填埋时可以占据较小的空间或体积。

对于焚烧和堆肥的废料，通常要进行破碎处理，破碎成一定粒度的废物颗粒，有利于焚烧，也有利于堆肥化的反应速度。

在对废物进行资源回收利用时，也需要破碎、分选等处理过程。比如从塑料导线中回收铜材料，首先要把塑料包皮切开，把塑料与铜导线分开，再把分开的塑料破碎，进行再生造粒，这样就实现了铜和塑料分别回收利用的目的。

城市垃圾预处理是垃圾处理或处置的第一道工序。预处理的工艺技术很多，主要有破碎技术、分选技术和压实技术三种，可根据自然垃圾的性状和下一步处理要求合理选用。

3.1 固体废物的破碎

3.1.1 破碎的基础理论

破碎：利用外力克服固体废物质点之间的内聚力而使大块固

体废物分裂成小块的过程。破碎是固体废物处理技术中最常用的预处理工艺。

磨碎：使小块固体废物颗粒分裂成细粉的过程。

固体废物破碎和磨碎的目的有：

1）使废物的容积减少便于运输、贮存和高密度填埋；

2）为固体废物的分选提供所要求的入选粒度，以便有效地回收固体废物中的某种成分；

3）使固体废物的表面积增加，提高焚烧、热分解、熔化等作业的稳定性和热效率；

4）为固体废物的下一步加工作准备；

5）有利于后续最终的处理与处置；

6）防止粗大锋利的固体废物损坏分选、焚烧和热解等设备和炉膛。

3.1.2 固体废物的机械强度和破碎方法

（1）固体废物的机械强度

固体废物的机械强度是指固体废物抗破碎的阻力。通常都用静载下测定的抗压强度、抗拉强度、抗剪强度和抗弯强度来表示。其中抗压强度最大，抗剪强度次之，抗弯强度较小，抗拉强度最小。固体废物的机械强度一般以固体废物的抗压强度为标准来衡量：抗压强度大于250MPa的为坚硬固体废物（如花岗石、刚玉）；40～250MPa的为硬固体废物（如石灰石、泥灰石）；小于40MPa的为软固体废物（如石棉矿、黏土）。

固体废物的机械强度与废物颗粒的粒度有关，粒度小的废物颗粒其宏观和微观裂缝比大粒度颗粒要少，因而机械强度较高。

大多数固体废物在断裂之前塑性变形很小，呈现脆性，用一般破碎方法很容易破碎，也有些固体废物（如橡胶、废轮胎、塑料等）在常温下呈现较高的韧性和塑性，通常需要采用特殊的破碎手段，如低温破碎和湿式破碎等。

(2) 破碎方法

破碎方法根据破碎固体废物所用的外力，即消耗能量形式的不同可分为机械能破碎和非机械能破碎两种。

机械能破碎是利用工具对固体废物施力而将其破碎的方法，有压碎、劈碎、折断、磨碎、冲击破碎。

非机械能破碎则是利用电能、热能等对固体废物进行破碎的新方法，如低温破碎、热力破碎、低压破碎或超声波破碎等。

选择破碎方法时，需视固体废物的机械强度，特别是废物的硬度而定，对于坚硬的废物采用挤压破碎十分有效，对于韧性的废物采用剪切破碎和冲击破碎或剪切破碎和磨碎较好。一般破碎机都是由两种或两种以上的破碎方法联合作用对固体废物进行破碎的，如压碎和折断，冲击破碎和磨碎等。

(3) 破碎比、破碎段和破碎流程

1) 破碎比　原废物粒度与破碎产物粒度的比值称为破碎比。破碎比表示废物粒度在破碎过程中减少的倍数。即表征废物被破碎的程度。破碎比的计算方法有以下两种。

极限破碎比：废物破碎前的最大粒度（D_{max}）与破碎后的最大粒度（d_{max}）的比值。极限破碎比在工程设计中常被采用，通常根据最大物料直径来选择破碎机给料口的宽度。

真实破碎比：废物破碎前的平均粒度（D_{cp}）与破碎后的平均粒度（d_{cp}）的比值。真实破碎比能较真实地反映破碎程度，在科研和理论研究中应用较多。

2) 破碎段　一般破碎机的平均破碎比在3～30之间，磨碎机的破碎比可达40～400以上。如果要求的破碎比较大，则有时需将几台破碎机依次串联来获得较大的破碎比，每经过一次破碎机或磨碎机称为一个破碎段，经过多段破碎之后总的破碎比等于各段破碎比乘积。

3) 破碎流程　根据固体废物的性质、粒度的大小、要求的破碎比和破碎机的类型形成固体废物的破碎工艺称之为破碎流程

（常与筛子配用组成）。

破碎流程有：单纯的破碎流程，带预先筛分的破碎流程，带检查筛分的破碎流程，带预先筛分和检查筛分的破碎流程，如图3-1。

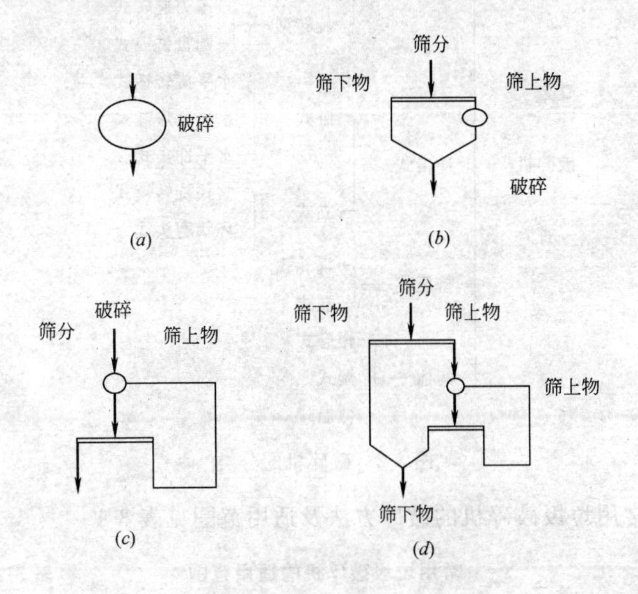

图3-1　破碎流程分类

(a) 单纯的破碎流程；(b) 带预先筛分的破碎流程；
(c) 带检查筛分的破碎流程；(d) 带预先筛分和检查筛分的破碎流程

3.1.3　破碎机

（1）破碎机的分类

按破碎方式有剪切式、锤（冲）击式、挤压式、辗磨式和撕碎式以及兼有多形式和多功能的破碎机。剪切式破碎机按动力的运动形式分往复式和旋转式两种：锤击式按结构形式分为立式和卧式；挤压式破碎机有辊轧式和颚式。按破碎刀具可分为刀式和锤式；按破碎生产率可分为大、中、小型；按功能可分为单功能和多功能破碎机，多功能破碎机兼有筛分和其他分选功能。垃圾破碎机的分类如图3-2。

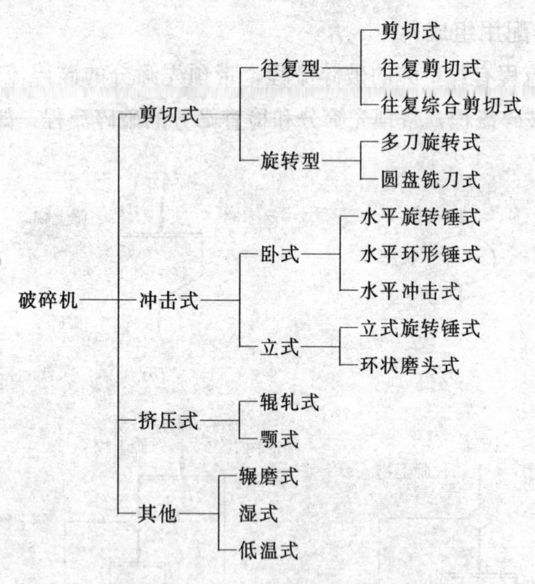

图 3-2 破碎机的分类

常用垃圾破碎机的破碎方法及适用范围见表 3-1。

常用垃圾破碎机的适用范围 **表 3-1**

序号	形 式	破碎方法	适 用 范 围
1	剪切破碎机	剪切、挤压	可破碎塑料、薄板等软物料，动力比锤式小，典型产品有破袋机
2	剪断破碎机	剪切	专门破碎纸制品、木材、塑料等物质
3	锤式破碎机	撕、切、轧碎	各种生活垃圾
4	水平锤式破碎机	冲击、扎碎	大型垃圾，如家电、预先压缩的汽车，破碎力大，易磨损
5	锉磨机	扯碎、撕碎	潮湿垃圾，欧洲国家应用较多
6	小型粉碎机	压碎、磨碎	有机垃圾，适用于家庭
7	大型粉碎机	压碎、磨碎	各种脆性物料
8	破碎分选机	破碎、分选	分选场或堆肥厂
9	湿式破碎机	剪切、撕碎	最适用于纸类垃圾，用旋转锤搅拌成泥状混合物
10	低温破碎机	破碎、分选	适用于破碎低温脆性材料，聚氯乙烯的脆性温度为－5～－20℃

（2）常用的破碎机

1）颚式破碎机　适用于坚硬和中硬物料的破碎，用于破碎强度和韧性高、腐蚀性强的废物（煤矸石破碎）。破碎程度既可以粗碎，也可以中、细碎。

2）锤式和冲击式破碎机

① 锤式破碎机典型的应用是用于汽车破碎、堆肥操作的混合废物处理。适用于中等硬度且腐蚀性弱的固体废物，还可破碎含水分及油质的有机物，纤维结构、弹性和韧性较强的木块，石棉，水泥废料，回收石棉纤维和金属切屑等。

② 冲击式破碎机具有破碎比大、适应性强、构造简单、外形尺寸小、操作方便、易于维护等特点，适用于中等硬度、软质、脆性、韧性及纤维状等各种固体废物。

3）剪式破碎机　剪切式破碎机是以剪切作用为主的破碎机，通过固定刀和可动刀之间的啮合作用，将固体废物破碎成适宜的形状和尺寸。剪切式破碎机特别适合于破碎低二氧化硅含量的松散物料。

4）辊式破碎机　辊式破碎机主要靠剪切和挤压作用，根据辊子的特点，可将其分为光辊破碎机和齿辊破碎机。光辊破碎机的辊子表面光滑，主要作用为挤压与研磨，可用于硬度较大的固体废物的中碎与细碎。齿辊破碎机辊子表面有破碎牙齿，其主要作用为劈裂，可用于脆性或黏性较大的废物，也可用于堆肥物料的破碎。

5）球磨机　国产部分垃圾破碎机的技术性能见表3-2。

（3）垃圾破碎机械的选择

1）根据处理垃圾的组分及物理性质，选择破碎机的类型，一般较硬的和脆性的废弃物（报废家具、家电等）可选用冲击式破碎机；当破碎大块垃圾时，应选用重锤低速破碎机；当进行细碎时，则应选用轻锤高速破碎机；而较软的和有机物质成分较多的生活垃圾，可选用剪切式破碎机。

国产部分垃圾破碎机的技术性能 **表 3-2**

型　　号	PTS 型	SCJ-305 型	PCX-0808 型	WLP-70 型	SCP-360 型	WHL 型	LFJ-1 型
形式		链锤式	星锤式	锤片式	（破碎塑料）	立锤式	破碎分选
进料粒度(mm)	300～350		<ϕ250	<ϕ50	0.1～80	<40	≤40
出料粒度(mm)	<45	10	<ϕ50	<ϕ10	8～3	<12	5～3
破碎能力	12m³/h	3.75t/h	≤15t/h	≥7.5t/h	60～120kg/h	30～100t/d	15～1[illegible]t/h
破碎率(%)		60～70		75			90
动力(kW)	30	10	15(主机)	55			25
长(mm)			3500				
宽(mm)			4300				
高(mm)			3600				
研制单位	广州市环卫科研所	广西百色环卫站	湖北省机电研究院	上海环卫科研所	山东胶州市塑机厂	无锡华庄垃圾处理厂	常州市武进净化节能设备厂

说明：表中数据有一些是研制数据，与实际产品有一定的距离。

2）根据废弃物的最大尺寸（粒度）及破碎后的粒度要求，选择作业性能合适的破碎机，破碎机的结构尺寸，如加料口尺寸应与处理物料的尺寸相适应，出料口尺寸应满足出料粒度要求，生产率应满足预处理工艺的需要。

3）在多种形式的机械产品中，尽量选择专业性能合适、破碎效率高、结构简单、质量轻、能耗小的先进垃圾破碎机械，最好不要采用矿山或工程上的破碎机械代用，那样得不偿失。

4）选配合适的给料机械，因为给料是否均匀连续，可大大影响生产率，一般给料机械有板式给料机、皮带输送机、振动式给料机等。

5）选配合适的筛分机械。垃圾被破碎之后，混杂的成分很多，往往需要进行筛分或其他分选，为此，可以选用多功能的破碎-筛分机械，也可以另外选择筛分机或其他分选机械与之配套使用，如按颗粒大小可选用筛分机，按物质轻重可选用风力分选机械或其他重力分选机械，总之，破碎机的生产率必须与下一工序机械的生产率相配合，以保证流水作业均匀连续，从而提高成套设备的生产率。

6）破碎机械的工作台数可按下式计算：

$$N=\frac{Q_{总}}{8k_1 q n_t}(台) \tag{3-1}$$

式中 $Q_{总}$——计划破碎的垃圾总量，t/d；

q——所选破碎机的处理能力，t/h；

n_t——每天的作业班数，单班为1；

k_1——时间利用系数，一般取0.8。

3.1.4 低温破碎与湿式破碎

常温破碎装置具有噪声大、粉尘多、污染环境及过量消耗动力的缺点。对于在常温下难以破碎的固体废物，如汽车轮胎、包覆电线、非家用电器等，可以利用其低温变脆而有效破碎，即所谓的低温破碎技术。

(1) 低温破碎

对于在常温下难以破碎的固体废物可利用其低温（－60～－120℃）变脆的性能而有效地破碎。亦可利用不同物质脆化温度的差异进行选择性破碎，称为低温破碎。如汽车轮胎，包覆电线等。各种塑料的脆化点不同，比如：PVC 为－5～20℃，PE 为－95～135℃，PP 为 0～20℃。

(2) 湿式破碎

湿式破碎是利用特制的破碎机将投入机内的含纸垃圾和大量水流一起剧烈搅拌和破碎成浆液的过程，从而可以回收垃圾中的纸浆。

目前，湿式破碎技术在部分工业发达国家已获得利用，美国富兰克林市的垃圾湿式破碎装置日处理能力达 150t，日本也于 1975 年 4 月在东京久米留市设立了这样的装置。

(3) 半湿式选择性破碎

半湿式选择性破碎分选是利用城市垃圾中不同物质的强度和脆性的差异，在一定湿度下破碎成不同粒度的碎块，然后通过不同筛孔加以分离的过程。由于该过程是在半湿状态下，通过兼有选择性破碎和筛分两种功能的装置中实现的，因此，把这种装置称为半湿式选择性破碎分选机。

半湿式选择性破碎分选机由两段不同筛孔的外旋转圆筒筛和筛内与之反向旋转的破碎板构成。垃圾进入圆筒筛首端，并随壁上升而后在重力作用下抛落，同时被反向旋转的破碎板撞击，垃圾中脆性物质被破碎成细粒碎片，通过第一段筛网排出。剩余颗粒进入第二段筒筛，此段喷射水分，中等强度的纸类被破碎板破碎，从第二段筛网排出。最后剩余的垃圾从第三段排出。

半湿式选择性破碎技术的特点：在一台设备中同时进行破碎和分选作业；可有效地回收垃圾中的有用物质，从第一组产物中可以得到纯度为 80％的堆肥原料——厨房垃圾，从第二组产物中可以得到纯度为85%～95%的纸类，从第三组产物中可以得到纯度为95%的塑料类，回收废铁纯度为98%。对进料的适应性好，易破碎的废物首先破碎并及时排出，不会产生过粉碎现象。

垃圾破碎技术的特点及应用范围见表3-3。

垃圾破碎技术的特点及应用范围　　表3-3

破碎技术	特点及应用范围
干式	被破碎垃圾的含水量少，破碎作业在空气中进行，适用于一般自然垃圾的破碎
半湿式	介于干式和湿式之间，一般在机械运转中加湿，在破碎的同时进行分选
湿式	垃圾在圆筒形槽中被旋转锤搅拌破碎，成为泥浆状混合物，然后从底部的网筛排出；适用于从垃圾中回收纸浆
低温破碎	在低温下进行破碎，利用某些物料的低温脆性进行破碎和分离，适用于不同脆性温度的混合物的破碎分选

3.2　固体废物分选

3.2.1　分选的分类

固体废物处理、处置与回用之前必须进行分选，将有用的成分分选出来加以利用，并将有害的成分分离出来。根据物料的物理性质或化学性质（这些性质包括粒度、密度、重力、磁性、电性、弹性等），分别采用不同的分选方法，包括人工手选、筛分、风力分选、跳汰机、浮选、磁选、电选等分选技术。

垃圾分选技术的主要分选物质及预加工要求见表3-4。

3.2.2　物料分选的一般理论

为了将各种纯净物质从混合物料中分选出来，分选过程可以

垃圾分选技术 **表 3-4**

分选技术	主要分选物质	预加工要求	说　明
手工分选	各种废品	无	回收有价值的金属、纸、瓶、罐等
筛分选	不同粒度物料	无或预破碎	把不同颗粒的物料分离
风选	不同密度物质	预破碎	利用风力把轻（如可燃物）、重（如金属、玻璃等）物质分离
惯性分选	不同惯性的物质	预破碎	利用物料的惯性力大小，把轻、重物质分离
密度分选	不同密度物质，主要是各种金属	预破碎，风选	可分离相对密度不同的各种物质，多用于分离金属类
磁选	铁金属	预破碎，湿洗	利用磁场力提取黑色金属，把铁从混合物中分离出来
涡流分选	有色金属	无或磁选	利用导体在磁场中产生的涡流力，可鉴别和分选出良导体
静电分选	导体、塑料等	无或预破碎	利用物质导电率的高低把物料分离，对于除去无水分的小颗粒杂物，效率比筛分和风选高
光分选	玻璃	预破碎或风选	利用光学性质，把玻璃从不透光的物料中分选出来，也可把不同颜色玻璃分开
浮选	玻璃、塑料	破碎或风选	利用气泡的吸附作用使某些固体颗粒浮在液面而达到分选目的
重液分选	铝等金属	破碎、风选	利用相对密度较大的液体介质进行分选

按两级识别（两个排料口）或按多级识别（两个以上排料口）来确定。例如：一台能够分选出铁磁性金属的磁选机是两级分选装置；而一台具有一系列不同大小筛孔的筛分机，能够分选出若干种产品，故而是一种多级分选装置。

(1) 两级分选机

两级分选机流程如图3-3。

进料 X_0+Y_0 → 两级分选机 → X_1+Y_1；X_2+Y_2

图3-3　两级分选机流程

在两级分选机中，进入的物料是由 X 和 Y 组成的混合物，X、Y 为待选的物料。单位时间内进入分选机的 X 物料和 Y 物料分别为 X_0 和 Y_0；单位时间内 X 和 Y 从第一排出口排出的量分别为 X_1 和 Y_1；从第二排料口排出的量为 X_2 和 Y_2。假定要求该二级分选机将 X 物料选入第一排料口，将 Y 物料选入第二排料口，如果该分选机效率足够高，那么 X 物料都通过第一排料口排出，Y 物料都通过第二排料口选出。实际上这是不可能达到的，从第一出料口排出的物料流中会含有部分 Y 物料，而从第二出料口中排出的物料流中也会含有部分 X 物料，因此分选效率可以用回收率来表示。

所谓回收率指的是单位时间内某一排料口中排出的某一组分的量与进入分选机的此组分量之比。X 物料的回收率可用下式表示：

$$R_{X_1}=\frac{X_1}{X_0}\times100\%(X_0=X_1+X_2) \tag{3-2}$$

式中　R_{X_1}——X 在第一排料口的回收率。

同样在第二排料口的物流中，Y 物料的回收率可用下式表示：

$$R_{Y_2}=\frac{Y_2}{Y_0}\times100\%(Y_0=Y_1+Y_2) \tag{3-3}$$

仅用回收率不能说明分选的效率，可以设想，如果一台两级分选机进行分选达到 $X_2=Y_2=0$，那样会发生什么情况呢？虽然此时 X 物料的回收率达到100%，但是这种情况下它根本没有进行分选。因此需要引入第二个工作参数，通常用纯度来表示。

纯度是指某一组分在某一出料口排出物中所占的百分数。

如 X 物料在第一出料口的纯度表示为：

$$P_{X_1}=\frac{X_1}{X_1+Y_1}\times 100\% \tag{3-4}$$

式中 P_{X_1}——X 物料从第一排料口排出的纯度。

一般说来，为了全面而精确地评价两级分选机的分选性能，需要用回收率和纯度这两个参数。不过在有些情况下例外，例如筛分机，要测定不同粒度的物料的回收情况，则回收率就等于纯度，因为某一级粒度必然透过筛孔，而不可能含有尺寸更大的成分。

(2) 多级分选机

有两类多级分选机。第一类多级分选机，其给料中只有 X 和 Y 两种物料，分选机有两个以上的排料口，每一排料口中都有 X 和 Y 物料，但含量不同，如图 3-4 所示。

图 3-4 第一类多级分选机示意图

这时第一排出口物流中 X 物料的回收率是：

$$R_{X1}=\frac{X_1}{X_0}\times 100\% \quad (X_0=X_1+X_2+\cdots+X_m) \tag{3-5}$$

同理在第一排出口物流中 X 物料的纯度为：

$$P_{X1}=\frac{X_1}{X_1+Y_1}\times 100\% \tag{3-6}$$

在第 m 排料口中，X 的物料回收率和纯度分别为：

$$R_{Xm}=\frac{X_m}{X_0}\times 100\% \tag{3-7}$$

$$P_{Xm}=\frac{X_m}{X_m+Y_m}\times 100\% \tag{3-8}$$

第二类多级分选机是最常用的，进料中含有几种成分（X_{10}，X_{20}，X_{30}，$\cdots X_{n0}$），要分选出的 m 种物料，流程如图 3-5 所示：

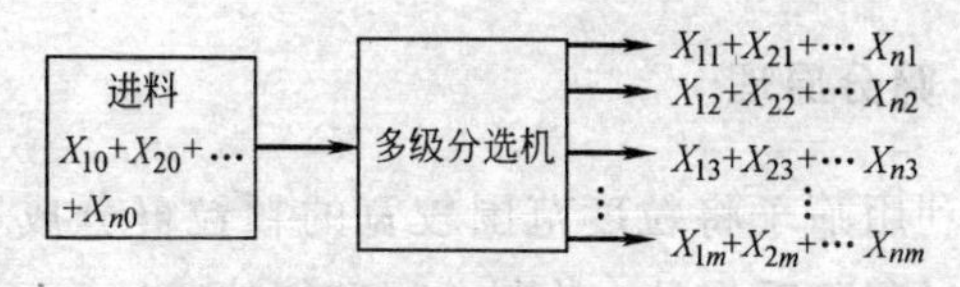

图 3-5　第二类多级分选机示意图

X_{11} 是 X_1 物料最终进入第一排料口排出物的部分；X_{21} 是 X_2 进入第一排料口排出物的部分。依次类推，X_{n1} 是 X_n 物料最终进入第一排料口排出物的部分，X_{nm} 是 X_n 物料最终进入第 m 排料口排出物的部分。因此 X_1 在第一排料口中的回收率和纯度分别为：

$$R_{X_{11}}=\frac{X_{11}}{X_{10}}\times 100\% \tag{3-9}$$

$$P_{X_{11}}=\frac{X_{11}}{X_{11}+X_{21}+\cdots+X_{n1}}\times 100\% \tag{3-10}$$

（3）分选效率

由于用两参数（回收率和纯度）来评价一台分选机的工作性能在实用中不方便，因此，不少人致力于寻求一种单一的综合指标。其中有两种综合分选效率，一种为雷特曼综合分选效率，另一种为互雷综合分选效率。

雷特曼综合分选效率：

$$E_{(X,Y)}=\left|\frac{X_1}{X_0}-\frac{Y_1}{Y_0}\right|\times 100\%=\left|\frac{X_2}{X_0}-\frac{Y_2}{Y_0}\right|\times 100\% \tag{3-11}$$

互雷综合分选效率：

$$E_{(X,Y)}=\left(\frac{X_1}{X_0}\right)\left(\frac{Y_2}{Y_0}\right)\times 100\% \tag{3-12}$$

完全分离：$X_1=X_0$，$Y_2=Y_0$，$E=100\%$；

不分离：$X_1=X_0$，$Y_1=Y_0$，$X_2=Y_2=0$，$E=0$。

3.3 筛　分

3.3.1 筛分原理

筛分是利用筛子将粒度范围较宽的颗粒群分成窄级别的作业。该分离过程可看作是由物料分层和细粒透过筛子两个阶段组成的。物料分层是完成分离的条件，细粒透过筛子是分离的目的。

为了使粗细物料通过筛面分离，必须使物料和筛面之间具有适当的相对运动，使筛面上的物料层处于松散状态，即按颗粒大小分层，形成粗粒位于上层，细粒位于下层的规则排列，细粒到达筛面并透过筛孔。同时物料和筛面的相对运动还可以使堵在筛孔上的颗粒脱离筛孔，以利于细粒透过筛孔。细粒透筛时，尽管粒度都小于筛孔，但它们透筛的难易程度却不同。粒度小于筛孔3/4的颗粒，很容易通过粗粒形成的间隙到达筛面而透筛，称为“易筛粒”；粒度大于筛孔3/4的颗粒，很难通过粗粒形成的间隙到达筛面而透筛，而且粒度越接近筛孔尺寸就越难透筛，称为“难筛粒”。

3.3.2 筛分机械的种类及其特点

各种筛分机械的分类如图3-6所示。

各种筛分机械的类型及其特点见表3-5。

国产部分筛分机械的技术性能见表3-6。

3.3.3 常用的筛分设备

（1）滚筒筛

普通滚筒筛是以筒形筛面绕其中心轴线作旋转运动而完成物料的粒度分级的机械。

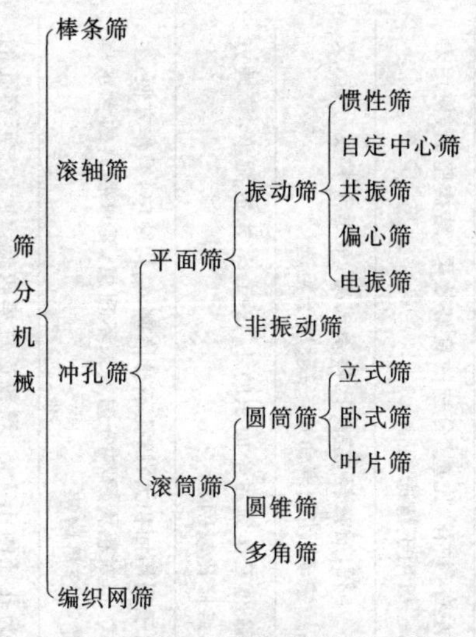

图 3-6　筛分机械分类

垃圾滚筒筛是在普通滚筒筛的基础上，增设一些分选或清理机构，使之适合于垃圾的筛选作业，主要有以下三种形式。

1）卧式旋转滚筒筛　这种滚筒筛实际上是一种半湿式的破碎兼分选装置，由两种孔径不同的旋转滚筒筛网和对应的不同旋转的两种挠板所组成。

2）立式滚筒筛　这种筛的结构特点是在进料口处，圆筒形机身内装有许多放射状的分选棒（筛），分选棒不断旋转，对从上部投入的垃圾进行先分选，即采用分选棒把大块物料打到另一物流槽中去，以利于物料的筛分。

3）叶片式滚筒筛　这种滚筒筛的结构特点是滚筒内装置有大量叶片，叶片与滚筒按相同的方向旋转，被破碎的垃圾在向下移动的过程中，通过滚筒与滚筒的间隙和叶片与叶片的间隙，从而获得分选。

（2）振动筛

垃圾振动筛是在原矿山振动筛的基础上加以改造而形成的，这种改造通常是改变原设备的运动形式或运动参量，以及在原有

筛分机械的类型及其特点　　表3-5

分　类	形　式	主要特点
按筛底结构分类	棒条式	由直棒条组成的底筛，棒条间隙为5～10cm，构造简单，造价低，使用寿命长，不易堵塞，能去除粗大物料和带状物质，但筛底有效面积较少
	钢板冲孔式	有效面积比棒条式大45%左右，并有“比重”分选的良好效果，结构坚固，使用寿命长，但质量较大，价格较高，一般用于精选
	钢丝编织网式	有效面积最大，高达60%～70%，质量轻，造价比棒条式高，最适于粒度分选，又有“比重”分选的效果，但筛孔易错动，使用寿命短，一般用于粗选
按冲孔网板的形状分类	滚筒筛	筛分效率高，消耗功率少，筛网工作面占全面积的1/4～1/5，构造简单，管理方便，但筛孔易堵塞，生产率低，维修比较困难
	平面筛（振动筛）	一般平面筛多为振动筛，筛子利用面积大，筛孔不易堵塞，结构简单，操作方便，生产率高，耗功率小，有多种形式，但对粗大物料分选效果不理想，要求物料的含水率<30%，对于多纤维的垃圾，筛孔容易堵塞
按孔的形状分类	圆形	通过筛孔的颗粒最大尺寸为孔径的1.7倍，颗粒透过率较低，约为方形筛孔的80%
	正方形	通过筛孔的颗粒最大尺寸为边长的1.1～1.5倍
	长方形	通过筛孔的颗粒最大尺寸为边长的1.2～1.7倍，颗粒透过率较高，对含大量水分的垃圾，堵塞现象较少

国产部分筛分机械的技术性能　　表 3-6

型　　号	CWS 型	GSH-2060 型	WHL 系列	GS1.6×60C 型	GS1.6×60X 型	DD918 型	DTSH-0700 型	WHL 系列
形式	滚筒筛	滚筒筛	滚筒筛	滚筒筛	滚筒筛	单轴振动筛	弹跳筛	振动跳筛
处理能力(t/h)	30～300t/d	17	15	≥25	≥12.5	6～8		30
进料尺寸(mm)		≤700		≤500	<50		≤50	不限
出料尺寸(mm)		≤250		<50	<10		≤8	
物料含水率(%)	35～55	≤60	30～40	<35	<30			不限
筛面尺寸(mm)		ϕ2000×6000	ϕ1500×4200			900×1800		1500×5600
倾角(°)	8		5			25		
筛孔尺寸(mm)			40			18～20		130×500
筛分率(%)	98～80	30～50	95	≥90	≥80			
动力(kW)	7.5	15				2.2	11	11
转速(r/min)		5～30	25			频率 1000	125～1250	频率 80
机长(m)		9.32	4.2			2.15	6.43	
宽(m)		3.83	1.50			1.418	2.21	
高(m)		5.20	1.60			0.575	5.00	
机重(t)		10	2.3			0.44	9	
研制单位	广州市环卫科研所	湖北省机电研究院	无锡市华庄垃圾处理设备厂	上海环卫设计科研所	上海环卫设计科研所	广西百色环卫站	湖北省机电研究院	无锡市华庄垃圾处理设备厂

设备上增加一些辅助装置。

3.4 重力分选

从物理学可知，固体颗粒在静止的介质中的沉降速度主要取决于自身的重力和介质的阻力。重力分选技术分类如图 3-7。

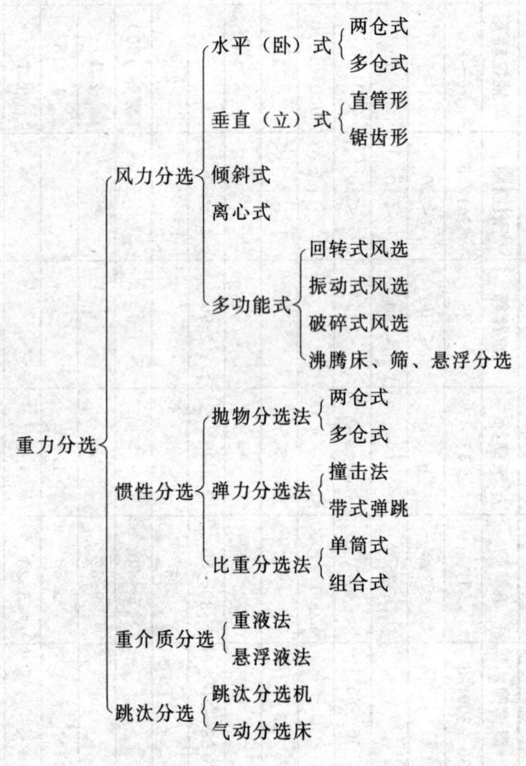

图 3-7 重力分选分类

3.4.1 风力分选

(1) 垂直气流分选装置

立式风选机分选的程序是：物料从料口加入之后，较轻的物料被气流带走，当通过旋流器时，从气流中分离出来；较重的物料由于气流不能支持而沉降。

(2) 水平气流分离装置

水平气流分离装置又称卧式风选机，其结构比较简单，只有鼓风机及风道。水平气流分离装置的优点是结构简单，故障少，维修方便，但分离效果不是十分理想，只能分离薄片状的塑料或纸张。

(3) 倾斜式分离器

倾斜式分离器既具有垂直分离器的一些特色，又具有水平分离器的某些特点。

(4) 离心式气流分选机

离心式气流分选机，一般作为堆肥的后处理设备，由风机、链条、分离板等组成分级室，空气在与外壁之间进行循环，同时被分散，杂物向下移动而排出，堆肥则从侧室向旋风分离器移动而被收集。这种分选机的分选效果较好，但构造复杂，维修工作量大，动力大，空气压力损失也大。

(5) 多功能分选器

多功能分选器实际上是风选机与其他分选机械的组合装置。如兼有滚筒筛分和气体分选的回转式风选装置；兼有振动筛分和风选的振动式风选装置；兼有破碎和气体分选的破碎风选装置等。

3.4.2 惯性分选装置

惯性分选是基于混合固体废弃物中的质量差异而分离的一种方式。

(1) 抛物分选器

抛物分选器（也叫弹道分离器）是利用物质颗粒的重力性质来分选轻重物料的设备。其作业原理是高速旋转的抛头或气流将废物沿水平或一定角度抛射出去，被抛颗粒将沿抛物线轨迹运动，当不同质量的块、粒垃圾以相同的初速度被抛射时，质量大的块、粒有较大的动能，被抛得较远；相反，质量小的块、粒抛得较近。

(2) 弹力分选器

弹力分选器是利用运动物体碰撞而产生反弹力的性质来分选物料的一种装置。

1) 弹力分选撞击法　该撞击分选器由抛物皮带、撞击板、分料滚筒和分集仓组成。

2) 弹力分选带式弹跳法　带式弹跳分选机是利用物料在倾斜的运动带上的弹跳力，分选出硬物料。

(3) 密度分选机

这是依物料密度大小而进行分选的装置。这种装置可以选用不同强度的刷丝并采用多机组合就可分选小而重、小而轻、大而重和大而轻的四种物质。

(4) 重液分选

重液分选是将密度不同的两种固体混合物用一种密度介于两者之间的重液作分选介质，使轻颗粒上浮，重颗粒下沉，从而实现物料分选的一种方法。作为此种分选法的介质有两种，一种为重液，另一种为悬浮液，是由水和悬浮于其中的固体颗粒构成。

(5) 跳汰分选

跳汰分选，是使磨细的混合废物中的不同密度的粒子群，在垂直脉动运动的介质中按密度分层，大密度的颗粒群位于下层，小密度的颗粒群位于上层，从而实现物料分离的一种方法。

1) 跳汰分选装置　机体的主要部分是固定水箱，被隔板分为两室，右为隔膜室，左为跳汰室。

2) 分选床　分选床是利用重量不同的颗粒穿过摇床能力的差异来分离轻、重颗粒的装置。

3.5 磁 选

3.5.1 磁选机的类型及其特点

磁选机的结构比较简单，主要由磁场装置和给卸料装置组成。

磁选类型根据应用的目的分为两类，一类是提纯净化去除磁性材料的精选，一类是想获得磁性物质的分选；按磁源分有永磁式和电磁式两种；按装置形式有悬挂式、滑轮式和磁鼓式三种。

永磁式磁选机不用电源，投资省，使用故障也少，但因磁力小，在垃圾分选中使用不多；电磁式磁选机的磁力大，又可以控制，使用比较广泛。悬挂式磁选机吸引力大，只在大型的回收设备中使用，结构比较复杂，同时磁选机的传动皮带磨损较快。滑轮式磁选机结构简单，不占用空间，分选费用较低，但分选的铁金属常混入许多非磁性物质。磁鼓式磁选机从结构和性能上都介于悬挂式和滑轮式之间。

表3-7列出了国外部分磁选机的技术参数。

国外部分磁选机的技术参数　　表3-7

形　式	悬挂式			滑轮式	磁鼓式
型　号	3IIP-80	3IIP-160		100-80B	140-100B
输送带宽度(m)	0.65～0.8	1.4～1.6	1～1.2	1	1.4
物料运行速度(m/s)	1.2～2	1.2～2	1.2～1.5	1.2	1.2
间隙边缘磁场强度(O_e)	2650	2900	2000	2000	2140
间隙中间磁场强度(O_e)	1000	1260	900	1325	1325
电磁轮直径(m)				0.8	1.0
消耗功率(kW)	8	15	5.75	4	7

续表

形　式	悬 挂 式			滑轮式	磁鼓式
型　号	3IIP-80	3IIP-160		100-80B	140-100B
被分选出的铁磁材料质量(kg)	0.3～12	0.3～15	0.5～2	0.3～15	0.3～15
磁选机质量(t)	4	10	4.8	2.7	4.2
制造厂家	原苏联	原苏联	法国	原苏联	原苏联

3.5.2 磁选机的选择

(1) 磁源的选择

在垃圾分选行业中，目前广泛采用吸力大的、电磁力可调节或断开的电磁式磁选机，只有一些清除细小铁磁物质的加工工序采用永久磁铁磁选机。

(2) 形式的选择

根据分选物料的形状、大小及物流的速度、厚度选择适当的装置形式。

(3) 传动皮带的选择

悬挂式磁选机的传动皮带有多种，通常采用胶带，但胶带磨损特别厉害，运行费用大大增加。因此，应尽量选用强度高，厚度大的传动带，最好选用非磁性的合金钢带。

(4) 多次磁选的选择

当对分选的废铁纯度要求较高，即要求所含杂质少，可直接压缩打包出售的，可选用双鼓式磁选机或采用二次分离法，因被选出的废铁经过第二次磁选，经过振捣，再次分离，可有效地去掉其他非磁物质。

(5) 综合选择

在满足磁选技术要求的前提下，应尽量选择经济机型，经济机型可从两面考虑，一方面所选用的电磁机应是高效的节能电磁机；另一方面是价格比较便宜。

3.6 电 分 选

3.6.1 静电分选技术设备

静电分选是利用各种物质的不同导电率和带电作用的性质而进行分离的方法。工作原理是在静电力的作用下，带电粒子遵循异性相吸和同性相斥的定律。静电分选技术对导体与非导体的分选效果很好，对于塑料、橡胶、纤维、纸、合成皮革以及片状树脂的分选都是有效的。

静电分选设备有静电型和放电型，这种分选设备可以从城市垃圾中分选出塑料，也可从堆肥中除去玻璃、塑料等杂质，其分选效果好，性能稳定，消耗电力很小。

3.6.2 涡流分选技术装置

(1) 工作原理

涡流分选技术的工作原理是：当含有非磁导体金属的垃圾流以一定的速度通过一个交变磁场时，这些非磁导体会产生感应涡流。

(2) 分选方式

从原理上说，利用感应涡流分选非铁金属三种方式：电磁排斥力方式、磁制动力方式和运动磁场方式。

3.7 浮 沉 分 选

(1) 浮选

浮选是利用气泡的吸附作用使固体颗粒有选择地浮在浮选浆液表面而达到分选目的的一种方法。

(2) 沉浮分选

沉浮分选是利用重颗粒在某种介质中沉降而轻颗粒浮起的原理，使重颗粒与轻颗粒分离的一种简易分选技术。

（3）重液分选法

利用重液进行分选就是以密度较大的液体代替水作介质。用重液作介质进行分选的关键是配制重液的密度。用重液作介质的主要问题是，不能根据需要而迅速改变介质的相对密度，并且重液的成本较高；在分选过程中，有相当部分的重液会由于吸附于废物而不能回收利用。

（4）重悬浮液分选法

重悬浮液与重液的区别在于前者是在水中添加固体胶质而成，其密度是变化的。重悬浮液应用于资源回收的问题是悬浮液被污染的问题。

第4章 卫 生 填 埋

4.1 卫生填埋概述

4.1.1 卫生填埋包含的内容

垃圾卫生填埋是垃圾处理的最基本方法，卫生填埋的含义就是利用自然界的代谢机能，对垃圾进行土地处理，寻求垃圾的无害化与稳定化处置。通俗地说，垃圾填埋就是将垃圾埋入土地，垃圾卫生填埋就是不造成污染的垃圾填埋。

为了使垃圾填埋不对土地及其周围环境造成污染，就要采用卫生填埋技术来进行垃圾填埋。卫生填埋技术主要包括以下内容：

1. 垃圾填埋场的防渗技术，主要包括场底水平防渗、周边垂直防渗等；

2. 垃圾卫生填埋操作技术（即垃圾填埋工艺），主要包括填埋分区、垃圾倾倒及推铺、垃圾压实、覆盖、雨污水分流等；

3. 污水处理技术，主要对垃圾渗滤液进行处理，按国家排放标准排放；

4. 填埋气体导排及处理技术，主要包括填埋气体的导排、处理、利用等。

4.1.2 填埋所占的地位

随着我国社会经济的发展，城市数量、城市人口的增加以及人民生活水平的提高，作为城市公害的城市生活垃圾（municipal solid waste，简称 MSW）的产量也迅速地增加。2004 年，我国的生活垃圾的产量达到 1.9 亿 t，垃圾的污染问题已成为一个十分严峻的问题，如何处理和处置城市生活垃圾，实现减量化、资源化和无害化已成为我国迫切需要解决的一个重大课题。

尽管卫生填埋法也有其自身的缺点，如选址困难，占地面积大，产生的渗滤液与填埋气污染地下水与大气等，但是填埋法具有投资省，处理费用低，处理量大，所需设备少，操作简便且能回收沼气等优点，而且如果设计运行得当，可以避免二次污染。因此垃圾卫生填埋法成为了世界上许多国家的垃圾处理的主要方式。

表 4-1 为一些国家垃圾填埋处理所占的比例。

各国垃圾填埋处理所占比例 **表 4-1**

国家	比重	统计时间	国家	比重	统计时间
美国	62%	1994	法国	45%	1993
英国	90%	1994	意大利	74%	1993
韩国	93%	1993	西班牙	80%	1993
葡萄牙	83%	1993			

我国作为发展中国家，资金相对紧缺，而卫生填埋法最大的优点是投资省，处理量大，因此卫生填埋法是垃圾处理必不可少的最终处理手段，也是现阶段我国垃圾处理的主要方式。

4.1.3 垃圾卫生填埋的国内外发展状况

垃圾卫生填埋目前还是国内外普遍采用的垃圾处理方式，它与垃圾焚烧和垃圾堆肥并列为目前世界各国采用最多的三大垃圾处理方式。由于各国的国情不同，因此不同国家垃圾填埋在垃圾处理中占的比例不同。一般来说，土地资源少的国家垃圾填埋的比例小，土地资源多的国家垃圾填埋的比例大。

由于各个国家的经济发展状况不同，因此对垃圾卫生填埋的标准要求也不同。在工业化发达国家，近些年不断修改环保法，对垃圾卫生填埋的标准要求越来越高。例如现在欧盟出台一项法规，不允许有机物直接填埋。有的欧盟国家还制定了更严格的标准，对填埋场的防渗层提出严格的标准要求，要求防渗层不少于两层。

我国垃圾卫生填埋发展较晚，20世纪90年代初杭州建成了采用垂直防渗技术的大型山谷型垃圾卫生填埋场。直到20世纪90年代后期，我国才建设了几个具有人工防渗层的垃圾填埋场。如1996年建成的北海市垃圾卫生填埋场、1997年建成的深圳市垃圾卫生填埋场，这两个垃圾填埋场是我国最早采用HDPE膜做水平防渗的城市生活垃圾卫生填埋场。但是这两个垃圾卫生填埋场建设标准与国外发达国家的标准还有一定差距。20世纪90年代后期，垃圾卫生填埋场在我国得到了较快的发展，自北海、深圳以后，在昆明、海口、保定、北京六里屯、天津、青岛、泉州等城市又相继建成或在建一批采用HDPE膜的垃圾卫生填埋场。还有一批采用垂直防渗技术建设的垃圾卫生填埋场，如柳州、济南、漳州等地的垃圾填埋场。

4.2　垃圾卫生填埋的分类

垃圾卫生填埋场根据所在的地形不同可分为四种类型：平地型填埋场、山谷型填埋场、坡地型填埋场和滩涂型填埋场。这四种填埋场各具特点，选择时主要根据当地的实际情况确定。

4.2.1　平地型填埋

平地型填埋场即是在平原地带建设的填埋场，适合于平原地区城市采用，其特点有以下几点：

1）场底有较厚的土层，可以吸纳一定量的污水，对保护地下水有利；

2）具有较充足的覆盖土源，使填埋垃圾能够及时得到覆盖；

3）工程施工比较容易，投资省；

4）比较容易进行水平防渗处理；

5）比较容易进行分单元填埋和填埋作业期间的雨污水分流，有利于减小污水的产生量；

6）平原地带需要占用耕地，征地费较高；

7）平原地带的填埋场一般需要堆高，外围不易形成屏障，填埋场对周围环境易造成影响。

4.2.2 山谷型填埋

山谷型填埋场是指利用山谷填埋垃圾的填埋场，适合于山区城市采用，其特点有以下几点：

1）山谷一般较封闭，填埋场对周围的环境影响较小；

2）填埋场不占用耕地，征地费用小；

3）山谷型填埋场较容易实施垂直防渗，但水平防渗较困难；

4）山谷一般汇水面积较大，地表雨水渗透量大，雨水截流较困难；

5）山谷底部浅层地下水出露，易受污染；

6）山谷底部及侧面一般土层较薄，对防止地下水污染不利；

7）填埋场管理较困难，不容易实现分单元填埋和填埋作业期间的雨污水分流。

4.2.3 坡地型填埋

坡地型填埋场是指利用丘陵坡地填埋垃圾的填埋场，坡地型填埋场适合于丘陵地区采用。其特点有以下几点：

1）坡地能较好地适应填埋场场底处理的要求，土方工程量小，易于渗滤液的导排和收集；

2）一般不占用耕地，征地费较低；

3）比较容易进行水平防渗处理；

4）比较容易进行分单元填埋和填埋作业期间的雨污水分流，有利于减小污水的产生量；

5）地下水位一般较深，有利于防止地下水污染；

6）填埋场外汇水面积小，污水产生量少。

4.2.4　滩涂型填埋

滩涂型填埋是在海边滩涂地上填埋垃圾的填埋场，滩涂型填埋适合于沿海城市采用。滩涂型填埋场有如下特点：

1）滩涂地一般处于城市的地下水和地表水流向的下游，不会对城市的用水造成污染；

2）滩涂型填埋场的污水可以利用湿地处理，可以减小污水处理场的投资费用和运行费用；

3）比较容易进行水平防渗处理；

4）比较容易进行分单元填埋和填埋作业期间的雨污水分流，有利于减小污水的产生量；

5）滩涂一般地下水位较浅，对防止地下水污染不利；

6）滩涂地地耐力一般较小，场底往往需做加固处理。

4.3　垃圾卫生填埋场的选址

垃圾填埋场的选址是一项非常重要的工作，也是比较困难的一项工作。一般来说要找到一个各方面都合适的填埋场场址是非常困难的，但是为了尽可能选择一个较合适的填埋场址，在选择确定场址的时候应对各方面的因素做全面的调查与分析。垃圾填埋场选址要涉及到多学科，因此在场址的调查研究与分析过程中，应有不同学科的专业人员参加。

4.3.1　选址过程

1）制定场址预选标准，对每一个预选场址的情况对照预选标准进行评价；

采用否定法剔除不符合预选标准的场址（例如地下水保护区、居民区、自然保护区等）；

2）对预选出的场址采用肯定法对场址的环境条件（如道路交通、地域大小、地形、距居民区距离等）进行评价，选出几个初选场址；

3）对初选场址进行进一步的地形地貌调查，然后比较选出最佳场址。

在本阶段选址中应重视考虑以下情况：

1）垃圾填埋场所在地不得是地下水保护区的补充水源地；

2）填埋场地基及周围地层应能保持长期的稳定或通过不太复杂的工程处理能够达到长期稳定；

3）填埋场场址不能位于有洪水危险、岩石塌方、滑坡和雪崩等的地区；

4）为了能长期防止垃圾填埋场排除的污染物影响周围环境，填埋场周围应有较好的天然屏障；

5）场址应有足够的填埋容积，至少要有十年的使用期限。

4.3.2 选址考察标准

垃圾填埋场场址的选定要考察以下几方面的因素：

（1）工程地质、水文地质、水文地理方面

1）地下土层结构及渗透系数；

2）土层承载力；

3）地下渗透情况；

4）自然灾害（洪水、侵蚀等）情况。

（2）天然水体保护方面

1）地表水存量、地下水存量；

2）地表水流向及排水沟渠情况；

3）污水排放去向。

(3) 空气、噪声及土壤方面

1) 操作噪声的影响；

2) 空气污染、粉尘及气味污染；

3) 土壤污染。

(4) 交通和居住区情况

1) 进场道路；

2) 交通量增加的可能性；

3) 交通安全；

4) 离居住区的距离。

(5) 对其他行业的影响

1) 农业和林业；

2) 渔业及狩猎；

3) 休闲疗养地。

(6) 其他因素

1) 填埋场最大容积、堆填高度；

2) 供水排水条件；

3) 供电条件；

4) 填埋气体利用的潜在用户情况；

5) 征地价格。

4.4　垃圾厌氧降解过程分析

4.4.1　厌氧生物处理原理

目前卫生填埋最常见的是厌氧填埋。人们对厌氧生物处理的认识可以追溯至100年前，但真正将其原理大规模地应用到工程实践的时间却并不长。厌氧处理分为四个阶段：

第一阶段——水解阶段，高分子的有机物如碳水化合物、蛋白质和脂肪因被细菌胞外酶分解为小分子化合物，如单糖、氨基酸、脂肪酸、甘油及二氧化碳、氢；第二阶段——酸化阶段，上述的小分子化合物在产酸菌的细胞内转化为更为简单的化合物，同时产酸菌也利用部分的物质合成新的细胞物质；第三阶段——产乙酸阶段，代谢的中间液态产物进一步在乙酸菌的作用下转化为乙酸、氢气、碳酸及新的细胞物质；第四阶段——产甲烷阶段，已经证实甲烷的产生是由两种不同的细菌作用的结果，第一类细菌将上一阶段的乙酸氧化成甲烷和二氧化碳，第二类产甲烷细菌可以利用氢和二氧化碳来产生甲烷。

在以上阶段中，还包括下面的过程：

1）产乙酸阶段里有从中间产物中形成乙酸和氢气，也有由氢气和二氧化碳形成乙酸，即同型产乙酸作用。

2）当硫酸盐含量较高时，硫酸盐还原菌（SRB）能还原 SO_4^{2-}，形成 S^{2-} 和 H_2S，与产甲烷菌是个竞争反应。

上述过程可以用图 4-1 表示。

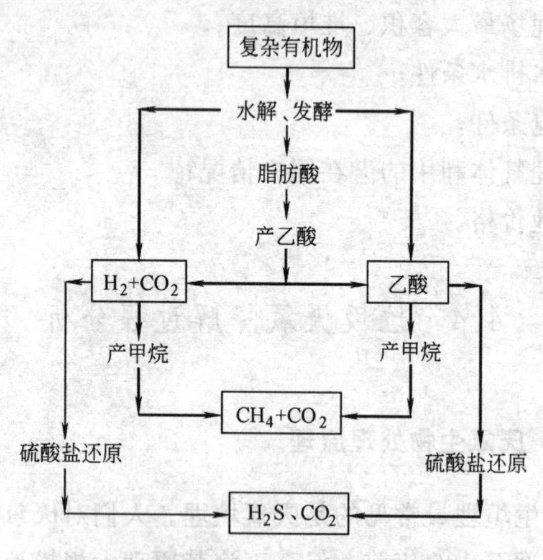

图 4-1 有机物厌氧生物降解示意图

4.4.2 填埋场中的厌氧微生物

对于垃圾厌氧填埋降解而言，由于其降解原理与厌氧降解一致，因此其中微生物与厌氧系统的微生物是一致的。按照产甲烷菌和不产甲烷菌分类，不产甲烷菌又按照其在厌氧过程中起的功能分为水解菌和产氢产乙酸菌，一般填埋场中具体的微生物第一类是水解菌，主要包括：

1）产琥珀酸拟杆菌属；

2）湖生（lochheadii）芽孢梭菌属；

3）柱孢梭菌属；

4）生黄瘤胃球菌；

5）白色瘤胃球菌落，溶纤维丁酸弧菌等等。

第二类是产氢产乙酸菌群，在卫生填埋场中有产氢产乙酸菌布氏甲烷杆菌属和G株布氏甲烷杆菌属等。

第三类是产甲烷菌群，在卫生填埋场中，产甲烷菌群包括杆状菌、球状菌和八叠球状菌三类。杆状菌通常包括史氏甲烷短杆菌属、甲酸甲烷杆菌属、反先甲烷短杆菌属、史氏甲烷杆菌属、嗜热自养甲烷杆菌等。甲烷球菌包括巴氏甲烷八叠球菌、万尼氏甲烷球菌、沃氏甲烷球菌、黑海产甲烷菌和嗜热无机营养甲烷球菌。产甲烷八叠球菌有巴氏甲烷八叠球菌和嗜热甲烷八叠球菌。

Barlaz对填埋场中的微生物数量进行了研究，发现产甲烷菌的数量在105～108个/g垃圾之间，产氢产乙酸菌数量在107～108个/g垃圾之间。

4.4.3　垃圾填埋降解的阶段划分及其特点

垃圾填埋场里发生着一系列庞杂的物理、化学及生物反应，这些反应持续时间很长，一般要几十年甚至上百年。研究表明，尽管这些反应既庞杂又漫长，但是填埋产气分解大致可以分为5个阶段，即：Ⅰ.初期调整阶段（Initialadjustment）、Ⅱ.过渡阶段（Transitionphase）、Ⅲ.酸化阶段（Acidphase）、Ⅳ.甲烷发酵阶段（Methanefermentation）及Ⅴ.成熟阶段（Maturationphase）。图4-2为填埋产气5个阶段划分及其特点。

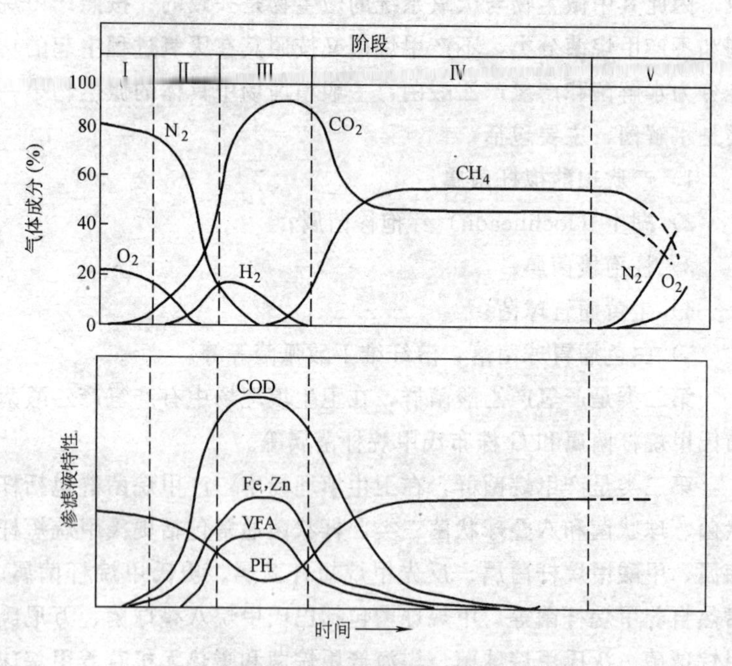

图 4-2 填埋降解阶段划分

阶段Ⅰ(初期调整阶段) 当垃圾填入填埋场后便进入了初期调整阶段，由于垃圾在填埋过程中带入空气，因此这一阶段主要进行的是有机可降解成分的好氧生物降解，生成了小分子的中间产物和 CO_2、H_2O。好氧阶段要释放出一定的热量，表现在温度有较明显的升高，这一阶段持续的时间较短。

阶段Ⅱ(过渡阶段) 在这一阶段里，氧气被消耗殆尽，开始建立起厌氧条件，垃圾降解由好氧降解过渡到兼性厌氧降解，此时起主要作用的微生物是兼性厌氧菌和真菌，垃圾中的硝酸盐和硫酸盐能够作为电子受体被还原为 N_2 和 H_2S，垃圾中的氧化还原电位逐渐降低，并且渗滤液的 pH 值由于有机酸的产生和填埋场中 CO_2 的浓度升高，也开始下降。这一阶段中，厌氧条件的开始可以通过检测垃圾的氧化还原电位来确定。

阶段Ⅲ(酸化阶段) 在此阶段中，第一和第二阶段产生的溶解于水的小分子物质在兼性和专性的厌氧菌作用下转变为有机酸，填埋气中的最主要成分 CO_2、H_2 浓度开始下降。由于填埋场中有机酸的出现和积聚以及 CO_2 浓度的升高，pH 值会继续下降，至本阶段中期达到最低，金属离子浓度会升高，至中期达到最大值。渗滤液中由于含有可溶性的有机酸，因此其 COD、BOD_5 和导电性会显著升高，也会在中期达到最大值。假如此时渗滤液不回灌，将会有大量的必须的营养物质损失。

阶段Ⅳ(甲烷发酵阶段) 在此阶段中，完全厌氧的产甲烷菌占优势，产甲烷菌能将乙酸、H_2 和 CO_2 分别转化为 CH_4。由于在第四阶段中，有机酸和 H_2 转化为 CH_4 和 CO_2，故填埋场中渗滤液 pH 值将会升高至 6.8～8.0 范围内，填埋气中 CH_4 含量上升至 50%左右。渗滤液的 COD、BOD_5 和导电率等指标迅速下降，由于渗滤液中的较高 pH 值，少量的无机成分能够溶解在其中，因此，渗滤液中重金属浓度也会下降。

阶段Ⅴ(成熟阶段) 此阶段发生在较易生物降解的有机物质都转化为 CH_4 和 CO_2 之后，此时填埋气的主要成分仍然是 CH_4 和 CO_2，只是其产气速率急剧下降。由于在开始的几个阶段中，大部分可以利用的营养物质都随渗滤液和填埋气排走，保留在填埋场中的底物都是难降解物质。这一阶段中，填埋气中可能会发现少量的 N_2 和 O_2，这主要取决于填埋场的封场方法。渗滤液常常含有一定量的难溶解的腐殖酸及富里酸，渗滤液中剩余腐殖质和重金属离子发生络合作用，而水中氧化还原电位(ORP) 上升。需要指明的是，由于极少填埋场能够达到这一阶段，这一阶段的过程尚不是太清楚。

必须指出，上述的五个阶段并非绝对孤立，它们相互联系，由于填埋场中垃圾填入的时间以及不同地方的环境条件和垃圾性质不一致，填埋阶段经常会出现一些交叉，即使同一批填入的垃圾降解过程中也会发生交叉。

4.4.4 影响垃圾厌氧降解的因素分析

垃圾填埋场实际上是一座庞大的生物反应器，影响这座反应器里面的垃圾厌氧降解因素有很多，其中包括填埋场自身固有的特性和非自身的外界因素，即这些外界因素能够人为地有目的地加以控制。

填埋场自身固有的特性包括垃圾的组成，填埋场地自身的水文地质条件等。外界因素又包括温度、含水率、pH 值、营养物质、有毒有害物质、微生物种群、氧化还原电势 E_h 以及垃圾粒径、有无日覆盖等。应当讲，这些因素中最主要的因素是垃圾自身的量和成分，因为填埋场理论上能达到的最大产气量取决于填埋场中垃圾总量和垃圾中可生物降解的有机物的含量。显然，倘若填埋场中可生物降解的有机物如食品垃圾的含量较高，其产气量也会较大。但是填埋场中自身固有的特性所包含的因素我们无从控制，这里不进行重点讨论，而对于非自身的因素，从工程角度上讲，研究这些因素的影响，可以做到对填埋场更好地管理和优化运行，因此这些研究更具有意义。

4.5 垃圾卫生填埋场的基本组成及工程内容

垃圾卫生填埋场的基本组成如图 4-3。

下面分别介绍填埋场的重点组成情况。

4.5.1 场内雨污水导排工程

(1) 渗滤液导排工程

渗滤液导排工程的作用就是及时有效地将垃圾填埋场内的渗滤液从填埋场内导排出来，尽量降低填埋场内的水位，减小渗滤液在填埋场内的停留时间，以防渗滤液渗透至地下。

渗滤液导排工程主要由场底水平导流盲沟和竖向导流井组

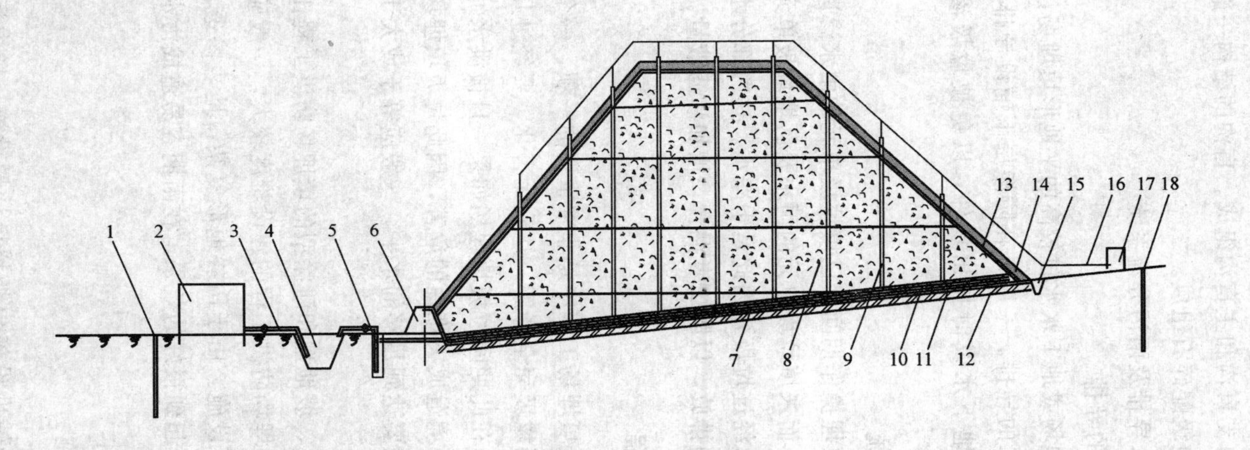

图 4-3 卫生填埋场的基本组成

1—地下水监测井；2—污水处理厂；3—污水输送管道；4—污水调节池；5—污水集液井；6—垃圾坝；7—渗滤液收集管；8—垃圾填埋层；9—填埋气体导排井；10—渗滤水导流层；11—防渗层（包括隔水层，土工布保护层）；12—场底垫层；13—覆盖隔水层；14—覆盖土层；15—雨水沟；16—填埋气体输送管；17—填埋气体抽取站及回收利用设施；18—气体监测井成。场底导流盲沟由支盲沟和主盲沟组成。盲沟的结构一般是由中间导流花管和周边级配碎石组成。

(2) 场内地下水导排及雨污分流系统

1) 场内地下水的导排

对于山谷形填埋场或地下水水位较高的平地形填埋场，需要考虑防渗层下地下水的导排。一般是在防渗层下铺设导排盲沟，将渗至防渗层下的地下水及时排出场外，以免被垃圾渗滤液污染。

2) 雨污分流系统

在垃圾填埋场填埋操作期间，已填垃圾单元的雨水渗透至底部变为垃圾渗滤液，而未填垃圾单元的雨水及已填垃圾单元的覆盖表面径流雨水均未经过垃圾，因此是干净水。这两部分水应通过雨污分流系统分别排放，以防二者混合，增加渗滤液量。

4.5.2 防洪工程

防洪工程在垃圾填埋场工程中是非常重要的一项，一个垃圾填埋场从建成使用到垃圾完全降解，达到无害化，要经过几十年甚至上百年的时间。在此期间垃圾填埋场如果一旦被洪水冲垮或淹没，将会给周围环境造成灾难性的危害，因此垃圾填埋场防洪工程的建设标准一定要达到足够的水平，一般应等于或大于城市的防洪标准。

一般来说平地型、坡地型和滩涂型的填埋场防洪工程比较容易建设，而山谷型填埋场防洪工程的建设难度较大，一般应包括截洪、排洪和护坡等设施。由于山谷地形复杂，地表渗透量大，一般的防洪设施难于起到很好的效果，在雨期容易造成污水量急剧增大的现象。

4.5.3 辅助设施

垃圾卫生填埋场辅助设施包括垃圾计量设施、场内运输道路、机械维修车间、管理用房、供电工程、给水排水工程、供热工程（对于北方地区）等。这些设施对于一座垃圾卫生填埋场来说是不可缺少的。

4.6 填埋场的防渗

填埋场防渗是填埋场选址、设计、施工、运行管理和终场维护最为重要和关键的内容。填埋场防渗的主要目的，除了防止渗滤水渗入地下水系外，还要防止地表水进入填埋场。

4.6.1 防渗材料

大量资料表明，绝大多数国家和地区对填埋场防渗衬层材料的防渗性能要求基本一致。

建设部批准颁布的《生活垃圾卫生填埋技术规范》（CJJ 17—2004）中规定，天然黏土类防渗衬层，其场底及四壁衬里厚度要大于2m，渗透系数小于1×10^{-7}cm/s；改良土衬里的防渗性能应达到黏土类防渗性能。

(1) 天然防渗

天然防渗系统主要在场地的土壤、水文地质条件允许的情况下才能采用。一般年自然蒸发量要超过降水量50cm。这种填埋场地类型多为可容性场地，就是地基由不渗水的黏土层构成，渗滤液被容纳在填埋场中。天然防渗系统要满足以下条件：

1）在填埋场底部和周边铺设的土壤衬层，主要由一种含足够数量的高黏性土壤和粉沙淤泥的压实土壤层组成，各个部位的土层必须保持均匀，厚度至少大于2m，其渗透系数至少达到1×10^{-7}cm/s。

2）除了低渗透性外，天然土壤衬层还必须满足有关的土壤标准，要求土壤中有30%能够通过200号的筛子，液体限度大于30%，塑性大于1.5，pH大于7。

黏土因其渗透率低、经济成本低，曾被视为填埋场惟一可供选择的防渗材料，目前仍为一些地质条件好的国家或地区广泛采用。黏土是岩石风化后产生的次生矿物，颗粒极小，主要由蒙脱石、伊利石和高岭石组成。

黏土衬层包括两类：自然黏土衬层和人工压实黏土衬层。

自然黏土衬层是具有低渗透性、富含黏土的自然形成物。选择自然黏土衬层的关键是衬层材料的连续性和渗透率。连续性主要是保证避免衬层严重的水力缺陷如裂缝、洞眼等，而渗透率的大小则是衡量可否采用自然防渗层的重要依据。

人工压实黏土衬层基本上是由自然黏土材料经过人工压实而成。压实的目的是将松散、不均匀的黏土压实成均匀分布、低渗透性的黏土层。其选择的标准是根据再压实渗透率，即在最佳湿度条件下，当黏土被压实至 90%～95%的最大普氏度干密度时，其黏土层渗透率是否小于 1×10^{-7}cm/s。

天然防渗衬层的最大优点就是其造价低廉，我国目前大部分城市的垃圾填埋场和部分工业固体废物填埋场都采用当地天然黏土或改性土壤作为防渗衬层。

所有的黏土衬层形式，都可以使一部分渗滤液在一段时间内穿透，并由此产生地下水的污染。我国大部分城市垃圾在进入填埋场前不经过早期的脱水处理，填埋场封顶层防渗及排水设计不当，所以几乎所有的采用天然防渗衬层的填埋场都会对地下水造成不同程度的污染。目前对天然防渗衬层的使用并不提倡。

(2) 改良型衬层

将性能不达标的粉质黏土、砂质粉土等通过人工改性，使其达到防渗性能要求的衬层。人工改性的添加剂分为有机、无机两种。无机添加剂相对而言费用较低，效果好，比较适合发展中国家推广应用。

黏土—石灰、水泥改良型衬层：在天然黏土中添加适量的石灰、水泥改善黏土性质，从而大大提高黏土的吸附能力、酸碱缓冲能力。掺和添加剂再经压实，黏土的孔隙明显减小，抗渗能力增强。改良后黏土的渗透系数可以达到 1×10^{-7}cm/s，完全符合填埋场衬层对防渗性能的要求。

黏土—膨润土改良型衬层：在天然黏土中添加适量膨润土矿物，使改良后的黏土达到防渗材料的要求。国内外研究成果和工程应用的实践表明，膨润土由于其具有吸水膨胀和巨大的防离子交换容量，添加在黏土中，不仅可以减少黏土的孔隙，降低其渗透性，增强衬层吸附污染物的能力，而且还可以大幅度提高衬层的力学强度，因此在填埋场防渗工程中具有很大的推广前景。

（3）人工合成膜防渗

天然黏土和改良型黏土是填埋场防渗的理想材料，但严格地说，黏土型防渗层只能延缓渗滤液的渗漏，而不能阻止渗滤液不向地下渗透，除非黏土的渗透性极低且厚度足够。事实上，也不是每个城市都可能拥有得天独厚的天然地形，因此，开发出可以替代并且优于黏土型衬层的人工合成材料就显得十分必要。

为了确保场地及周围水域不受污染，通过采用工程措施，保证渗滤液不穿过地基污染到地下水体，选用的人工衬层系统要满足以下几项原则：

1）衬层和其结构材料必须不能与可能渗出的渗滤液相容，结构完整性和渗透性不因与渗滤液的接触而发生变化；

2）渗透系数小于 1×10^{-7}cm/s；具有适宜的强度和厚度，可铺设在稳定的基础之上；

3）抗臭氧、紫外线、土壤细菌及真菌的侵蚀；

4）具有适当的耐候性，经得起急剧的冷热变化；

5）具有足够的抗拉强度，能够经得起整个设施的压力和填埋机械与设备的压力；

6）能够经得起垃圾中各种物质的刺破、刺划和磨损；厚薄均匀，无薄点、气泡及裂痕；

7）便于施工及维护。

目前国内外开发出的人工合成膜（或称柔性膜）很多，主要有高密度聚乙烯（HDPE）、低密度聚乙烯（LDPE）、聚氯乙烯（PVC）、氯化聚乙烯（CPE）等十余种。柔性膜防渗材料通常具有极低的渗透性，其渗透系数可以达到 1×10^{-12} cm/s，甚至更低。

常用人工合成防渗膜的性能见表 4-2。

在上述所列的人工合成防渗膜中，HDPE 因其耐化学腐蚀能力强、制造工艺成熟、易于现场焊接，并积累了比较成熟的工程实施经验，而被广泛应用于填埋场的水平防渗、顶面防渗、污水处理系统的基础防渗及制成 HDPE 管材等。

高密度聚乙烯膜产品的厚度为 0.25～3.0mm，间隔 0.25mm，共 12 个规格。对于垃圾填埋场底部需承重的防渗层宜采用较厚的型号，对于垃圾堆体的最终覆盖层则采用较薄的型号。

HDPE 膜铺设时需要用专门的双焊机进行焊接。焊接后形成两条焊缝，提高了接口的抗拉和抗剪强度；两焊缝之间留有空隙，可插入气压表用来检验焊缝质量（如图 4-4）。

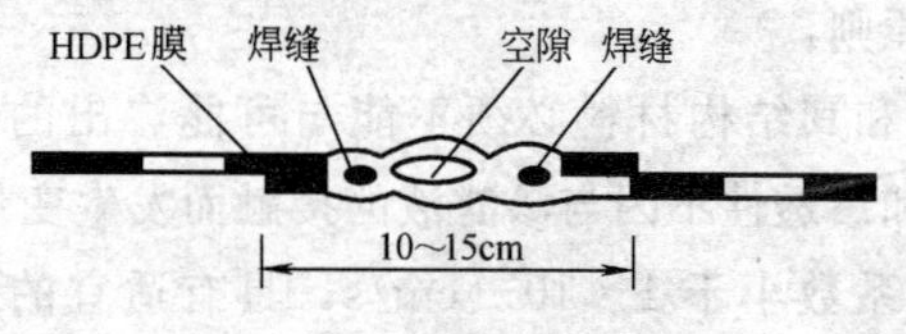

图 4-4 HDPE 膜焊接示意图

4.6.2 防渗方式

(1) 水平防渗

“水平”，针对防渗层的铺设方向而言，即防渗层向水平方向铺设，防止垃圾渗滤水向周围及垂直方向渗透而污染地下水。

人工防渗材料应具备以下特点：

1) 防渗透效率高、持续时间长；

常用人工合成防渗膜的性能 表 4-2

材料名称	合成方法	适应性	缺点	价格
高密度聚乙烯(HDPE)	由聚乙烯树脂聚合而成	良好的防渗性能； 对大部分化学物质具有抗腐蚀能力； 具有良好的机械和焊接特性；低温下具有良好的工作特性； 可制成各种厚度，不易老化； 0.5～3.0mm； 耐无机物腐蚀	耐不均匀沉陷能力较差； 耐穿刺能力较差； 易被有机物腐蚀	中等
聚氯乙烯(PVC)	氯乙烯单体聚合物，热塑性塑料	良好可塑性； 易焊接； 良好的强度特性	耐紫外线辐射能力差； 气候适应性不强； 易受微生物侵蚀	低等
氯化聚乙烯(CPE)	由氯气与高密度聚乙烯经化学反应而成，热塑性合成橡胶	易焊接； 对紫外线和气候因素有较强的适应能力； 低温下的良好工作特性； 防渗性能好	耐有机物腐蚀能力差； 焊接质量不强； 易老化	中等
异丁橡胶(EDPM)	异丁烯与少量的异戊二烯共聚而成，合成橡胶	耐高低温； 耐紫外线辐射能力强； 氧化性和极性溶剂略有影响胀缩性强	对碳氢化合物抵抗能力差； 接缝难强度不高	中等

续表

材料名称	合成方法	适应性	缺点	价格
氯磺化聚乙烯(CSPE)	由聚乙烯、氯气、二氧化硫反应生成的聚合物，热塑性合成橡胶	防渗性能好； 耐化学腐蚀能力强； 耐紫外线辐射及适应气候变化能力强； 抗细菌能力强，易焊接	易受油污染； 强度较低	中等
乙丙橡胶(EPDM)	乙烯、丙烯和二烯烃的三元共聚物，合成橡胶	防渗性能好； 耐紫外线辐射； 气候适应能力强； 防渗性能好	强度较低； 耐油、耐卤代溶剂腐蚀能力差； 焊接质量不高	中等
氯丁橡胶(CDR)	以氯丁二烯为基础的合成橡胶	耐油腐蚀； 耐老化； 耐紫外线辐射； 耐磨损； 不易穿孔，防渗性能好	难焊接和修补	较高
热塑性合成橡胶	极性范围从极性到无极性的新型聚合物	耐油腐蚀耐老化； 耐紫外线辐射； 拉伸强度较高	焊接质量须提高	中等
氯醇橡胶	饱和的强极性聚醚型橡胶	热稳定性好，耐老化； 不受烃类溶液、燃料、油类等影响	难于现场焊接和修补	中等

2）能承受最高浓度渗滤液的生物化学腐蚀；

3）能承受施工、填埋操作及后续维护过程中不同的机械拉力和应力；

4）具有较好的柔韧性，抗沉降能力强；

5）不含有有害物质，分解后也不释放出污染物质；

6）施工后能长时间保持良好的性能，不老化；

7）具有抗风化、抗紫外线和温度变化的能力；

8）具有阻燃和防火性能；

9）可防植物根穿透及啮齿动物啃咬；

10）易于监测、修补及扩展；

11）施工简便，速度快；

12）斜坡上放置稳定，稳定放置坡度可达1∶1.5。

（2）垂直防渗

防渗层竖向布置，防止垃圾渗滤水横向渗透迁移，污染周围地下水。

垂直防渗是对于填埋区地下有不透水层的填埋场而言的，垂直防渗是指在这种填埋场的填埋区四周建垂直防渗幕墙，幕墙深入至不透水层，使填埋区内的地下水与填埋区外的地下水隔离开，防止场外地下水受到污染。对于山谷型填埋场，由于周边山峰的地下不透水层较高，可以阻挡场内污水外流，因此垂直幕墙只需在山谷下游的谷口建设，幕墙与两边山峰相接，将整个山谷封闭，避免场内地下水外流。

垂直防渗对于山谷型填埋场来说投资较省，但对于其他类型填埋场投资与水平人工防渗持平。因此垂直防渗主要用于山谷型填埋场，前提条件是山谷必须是独立的水文地质单元。

垂直防渗的优点就是投资小（对山谷型填埋场而言），缺点是防渗幕墙的效果不保证，防渗幕墙一般是采用灌浆的方式实现的，对地下岩层裂隙较多的地方，裂隙纵横交错，灌浆难以将其堵严。

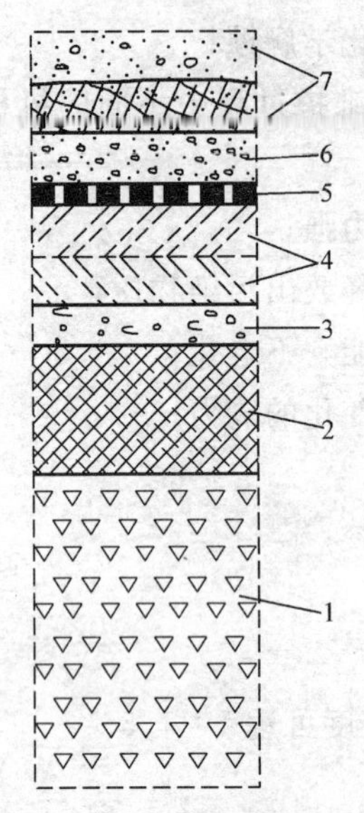

图 4-5 复合型封顶层示意图
1—垃圾堆积体；2—调整层；3—排气层；4—矿物密封层（包括第一、第二、第三层）；5—土工薄膜；6—排放系统；7—恢复断面（包括底层土和表土）

(3) 顶面防渗

我国大多数填埋场在垃圾填埋结束进行封顶时，仅覆盖一层黏土层，在降雨量大的地区，地表水大量渗入填埋场内部，使渗滤液产生量大大增加，给填埋场底部防渗及渗滤液的处理带来极大难题，所以在降雨量大的地区建立垃圾填埋场，封顶层的防渗设计也是很重要的。封顶层通常由矿物质密封层、排气层和排水层（如有需要时）及地表土层（这与日后的场地恢复使用要求有关）。必要时也可以在封顶层中使用土工薄膜，图 4-5 就是复合型封顶层示意图。

一个填埋场防渗方式的采用，要根据填埋场址的地形、地质情况决定，可以采取一种或几种组合方式。

4.6.3 防渗层设置

为防止垃圾堆体流出的渗滤液污染地下水，将防渗材料按照一定的结构铺设于垃圾填埋坑底部，就形成了防渗层。防渗层按其结构可分为单层防渗层与复合防渗层两类。

(1) 单层防渗层

单层防渗层是指单独使用膨润土或 HDPE 膜等铺设而成的防渗层，北京阿苏卫和天津双口垃圾填埋场均采用了这种结构。单层防渗层造价低，施工方便，但安全系数低。只有在地下水污染风险极低的情况下（如垃圾毒性小、地下水位低、土质防渗性好）才推荐使用。

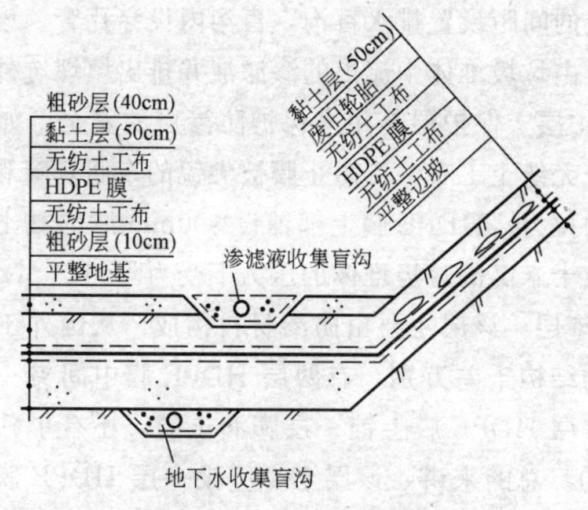

图 4-6　复合防渗示意图

（2）复合防渗层

复合防渗层是多层次结构的防渗系统，各层次具有一定的功能，提高了防渗系统的安全性。复合防渗层在国外应用相当广泛。但由于各国国情不同，目前复合防渗层的结构还没有统一的标准，同一国家不同地区的填埋场，由于垃圾性质、场地地形、地质的不同，防渗层结构也不尽相同。总的来说，一个完整的复合防渗层系统应包含以下几个层次，如图 4-6 和图 4-7。

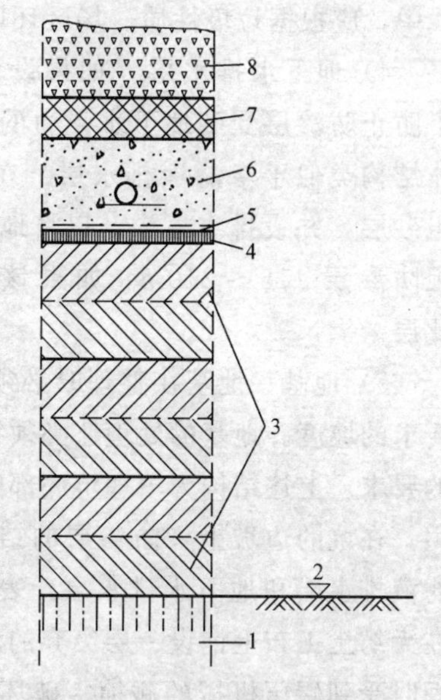

图 4-7　复合型底部衬层示意图

1—老土（下沃土）；2—下沃土层标高；3—矿物密封层（包括第一、第二、第三层）；4—土工薄膜；5—保护层；6—排水层；7—过渡层（如需要时）；8—废弃物

1）渗滤液排水层　该层上部直接与垃圾接触，起着收集和排出渗滤液的作用。该层由 400mm 厚的粗砂层构成，

层内按一定的间距设置排水盲沟，盲沟内设穿孔管。该层的主要功能是收集由垃圾堆体中流出的渗滤液并排出填埋坑外。

2）保护层　保护层是用来保护防渗层的安全。如在 HDPE 膜上下覆盖无纺土工布，可防止膜被尖锐的东西刺穿和减轻地基变形对膜的拉力；HDPE 膜上部铺设 500mm 厚的黏土层，是为了使膜在数十米高的垃圾堆体的压力下受力均匀。

3）防渗层　该层主要由防渗材料构成。从国外工程实例来看，该层的结构千差万别，有两层 HDPE 膜中间夹一层膨润土的，也有一层 HDPE 膜上铺一层膨润土的，还有单独使用一层 HDPE 膜的。总的来讲，该层至少应设一层 HDPE 膜。防渗层的层数越多，安全性能越强，但造价也相应提高。在具体工程实践中，应根据垃圾性质、场区环境等因素具体分析。

4）地下水排水层　如果设计地区的地下水水位较高，为了防止防渗层受到地下水浮力的作用，应设地下水排水层。具体结构类似于渗滤液排水层：在防渗层下部铺设 400mm 厚的粗砂层，并设排水盲沟，以将地下水排出场外，保持地下水位距防渗层 115～210m。如果该地区地下水位较低，可不设此层。

5）地基　地基在整理时必须夯实、平整、碾压，筑成符合要求的坡度。地基的处理还必须符合整个填埋场渗滤水收集系统的要求。上述结构为填埋坑底部的防渗层的结构。

在坑的边坡上，防渗层的结构有所不同（图 4-6）：不设渗滤液排水层和地下水排水层，表面直接铺 500mm 厚的黏土层，在无纺土工布上铺设一层废弃的汽车轮胎，以防止斜坡在垃圾填埋时受到碾压机械的碰撞，破坏防渗层。为了固定 HDPE 膜和无纺土工布，在填埋坑周边开挖锚固沟，防渗层在填埋坑底部和边坡铺设完后，将边缘埋入锚固沟，用原土填平、夯实。

典型的防渗层铺设实例如图 4-8 所示（美国国家环保局规范）。

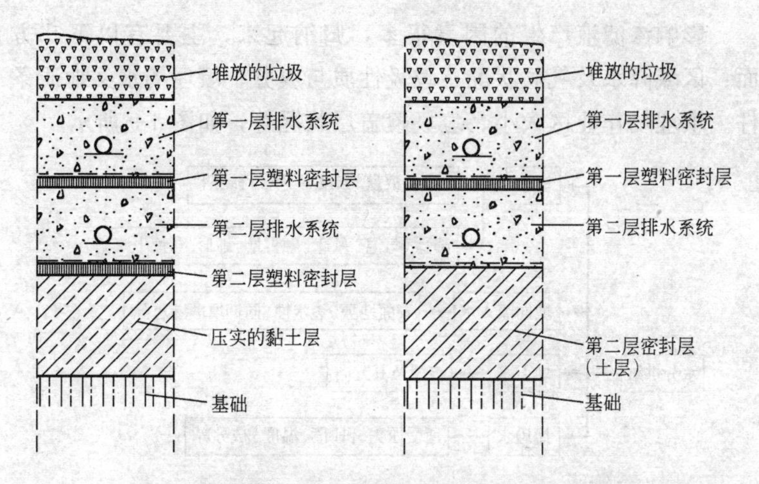

图 4-8 美国环保局（EPA）衬层设计规范示意图

4.7 渗滤液的产生与污染控制

4.7.1 渗滤液的产生

垃圾渗滤液有四个主要来源：

1）垃圾自身含水；

2）垃圾生化反应产生的水；

3）地下潜水的反渗；

4）大气降水。

虽然垃圾本身还含有一定的水分，而且经过厌氧分解也会产生一定量的水分，但是垃圾渗滤液的主要来源还是降雨。也就是说，特定垃圾填埋场渗滤液量的多少主要与气候变化、水文条件及季节交替的变化有关，而垃圾渗滤液的水质特征除与上述几个因素有关外，还与垃圾的性质、垃圾填埋时间、填埋的方式及垃圾本身的含水率等因素有关，因此，垃圾渗滤液不仅是一种高浓度的有机废水，而且其水质水量变化很大，水质成分也很复杂。

影响渗滤液产生的因素很多，归纳起来，主要有以下几方面：区域降水及气候状况、垃圾性质与成分、填埋场水文地质条件、填埋场作业区大小、垃圾覆盖层状况等，如图 4-9 所示。

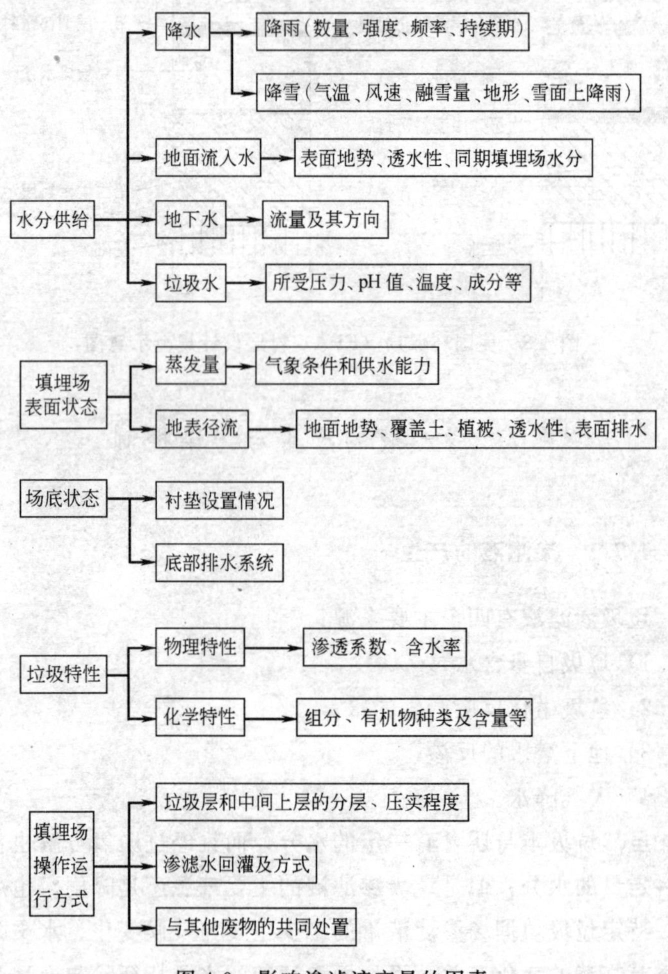

图 4-9 影响渗滤液产量的因素

而垃圾填埋场中的水分循环见图 4-10。

(1) 降水

降水是渗滤液的主要来源，其大小直接影响着渗滤液产生量

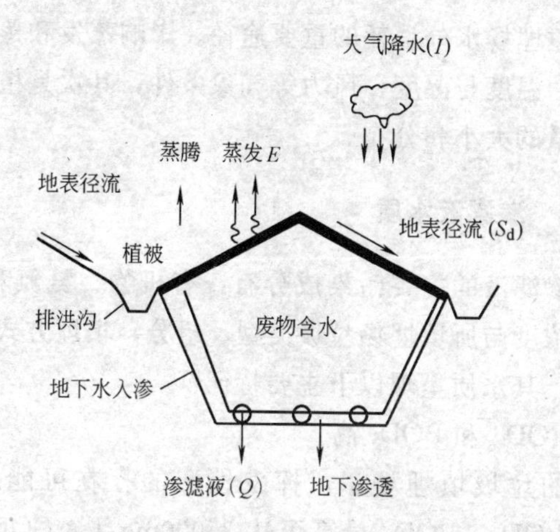

图 4-10　填埋场中水分循环示意图

的多少。降水一部分形成地表径流，另一部分则下渗垃圾填埋体成为渗滤液。影响地表径流和下渗的主要因素有降雨量、降雨强度、降雨历时，填埋场覆盖状况等。在相同的条件下，降雨强度越大，前期雨量影响越高，超渗产流越高，地表径流将越大；降雨历时越长，覆土和垃圾含水率越高，蒸发就越少，下渗增加，填埋场覆盖层植被越好，地表径流就越小，而下渗量大，反之，下渗量小。此外，垃圾成分中有机物质含量高，持水能力较高，降水下渗速率会降低。

（2）场外水

场外水包括填埋场四周地表来水和地下水。

（3）垃圾出水

垃圾出水包含垃圾本身含水和有机物厌氧降解过程中产生的水。垃圾在处理过程中受压、分解以及垃圾中物质的转化，导致垃圾初始含水量的释放。垃圾分解出水量主要取决于垃圾的成分、温度、覆盖层性质等。这部分的水量通常通过实验来确定。

（4）蒸发作用

填埋场地表（垃圾层或覆盖土）的蒸发以及植被的蒸腾作

用，是使填埋场水分消耗的重要途径。影响蒸发和蒸腾的因素主要是辐射、温度与湿度、风力等气象条件，其次是植被及土壤和垃圾含水量的大小和分布。

4.7.2 渗滤液水质

垃圾渗滤液的主要污染成分有：有机物、氨氮和重金属等，其种类和浓度与所填埋场垃圾类型、组分、填埋方式和填埋时间密切相关，其水质呈现以下主要特征：

（1）COD_{Cr}和 BOD_5 高

在新的垃圾填埋场里，挥发性酸的存在可能会产生高的 COD_{Cr}和 BOD_5，BOD_5 最高可达 35000mg/L，COD_{Cr}最高可达 80000mg/L，和城市污水相比，浓度相当高。BOD_5/COD_{Cr}比值一般为 0.5～0.7，表现出良好的可生化性。一般而言，COD_{Cr}、BOD_5 和 BOD_5/COD_{Cr}比值随填埋的时间增长而降低，碱度含量则升高。

（2）金属含量高

垃圾渗滤液中含有十多种金属离子，其中铁的浓度可高达 2050mg/L，铅的浓度可高达 12.3mg/L，锌的浓度可高达 130mg/L。

（3）营养元素比例失调，氨氮含量高

由于垃圾渗滤液的影响因素很多，其可生化性 BOD_5/COD_{Cr}比值和营养素 C/N 值也不是固定不变的，在不同场龄的垃圾渗滤液中，C/N 的值常出现失调的现象，BOD_5/COD_{Cr}值变化很大，常给生化处理带来一定困难。随着填埋场年限的增加，垃圾渗滤液中的氨氮比例也相应增加，直至最后封场，浓度可高达 10000mg/L。

到目前为止，国内外尚无十分完善的处理各种垃圾渗滤液的工艺，这是因为渗滤液的可处理性很难把握，并且各种渗滤液的成分变化很大，对渗滤液的类型也很难判断，影响渗滤液水质变化的因素很多，诸如：垃圾的成分、填埋场的水文地质、气候等等。渗滤液由于众多因素的影响，水质很复杂，表4-3和表4-4分别列出了国内和国外垃圾渗滤液成分的典型数据。

我国城市垃圾渗滤液的水质　　表4-3

	上海	杭州	广州	深圳	台湾某市
COD_{Cr} (mg/L)	1500～8000	1000～5000	1400～5000	50000～80000	4000～3700
BOD_5 (mg/L)	200～4000	400～2500	400～2000	20000～35000	600～28000
总N (mg/L)	100～700	80～800	150～900	400～2600	200～2000
SS (mg/L)	30～500	60～650	200～600	2000～7000	500～2000
NH_3-N (mg/L)	60～450	50～500	160～500	500～2400	100～1000
pH	5～6.5	6～6.5	6.5～7.8	6.2～6.6	5.6～7.5

国外城市垃圾渗滤液的水质（mg/L）　　表4-4

项　目	浓度(阈值)	项　目	浓度(阈值)
1. 一般特性		Pb	0.002～12.3
pH	5.2～8.2	Ni	0.01～6.1
碱度($CaCO_3$)	37～14000	Zn	0.01～130
SS	100～700	3. 非金属	
TS	500～15800	氨氮	1～1700
2. 金属		硝态氮	0.1～10
Cd	0.0005～0.007	总磷	0.6～75
As	0.006～0.2	4. 有机物	
Ba	0.1～0.3	TOC	196～23000
Ca	29～4300	BOD_5	11～38000
Cr	0.002～1.0	COD_{Cr}	20～70000
Co	0.01～1.8	有机氮	3～770
Cu	0.01～0.3	凯氏氮	4～762
Fe	0.3～2050		

从表4-4中可以看出，垃圾渗滤液内不仅含有有机污染物，还含有金属和植物性营养物（以氮为主），如果工业部门使用垃圾填埋场，渗滤液中还含有有毒有害有机污染物，水质十分复杂。分析结果表明，从垃圾渗滤液中检出的有机污染物77种，其中芳烃类29种，烯烃类18种，酸类8种，酯类5种，醇、酚类6种，酮、醛类4种，酰胺类2种，其他5种。

4.7.3 卫生填埋场渗滤液产量的确定

渗滤液产量主要受降雨、蒸发、地下水入侵，垃圾含水率、场底防渗、填埋操作方式等影响，在这些因素中，最重要的是降雨量。

预测渗滤液产量主要有水量平衡法、经验公式法和经验统计法三种：

(1) 水量平衡法

亦称理论计算法，其数字表达式为：

$$Q=P+W+G-E \tag{4-1}$$

式中 Q——渗滤液年产生量，m^3/a；

P——降雨产生的渗滤液量，m^3/a；由集雨面积（A）和降雨量（I）确定；

W——垃圾降解产生的渗滤液量，m^3/a；由垃圾量、垃圾成分（含水率和有机物含量）确定；

G——地下水侵入量，m^3/a；通过地质勘探确定；

E——蒸发蒸腾量，m^3/a；蒸腾量可通过植物水分消耗量确定。

(2) 经验公式法

以降雨量作为计算渗滤液产量的依据，其表达式为：

$$Q=C\times I\times A\times 10^{-3} \tag{4-2}$$

其中：

Q——渗滤液产生量，m^3/d；

I——日降雨量，mm/d；按最大月平降雨量，折算成平均日降雨量；

A——填埋场面积，包括作业区和完成区，m^2；

C——渗出系数；其值在0.2～0.8之间，对不直接排水的填埋作业区，其值为0.4～0.7（标准值为0.5）；对直接排水的完成区，其值为0.2～0.4（标准值为0.3）。

（3）经验统计法

实测相邻地区已建填埋场渗滤液产生量，推算出单位面积产生量。

$$Q=q\times A\times 10^{-4} \tag{4-3}$$

Q、A 同公式（4-2）

q——单位面积渗滤液产生量，$m^3/(m^2\cdot d)$；参见表4-5。

填埋场单位面积渗滤液产量 **表4-5**

地名	q	地名	q	地名	q
西德	7.4	广州	20～25	乐山	15
前苏联	0～8.2	深圳	3～10	南充	12.5
上海	50	成都	6～9	德阳	5～6

此外，还可根据垃圾产量进行类比分析。根据调查表明，渗滤液产量与垃圾量之间存在一定的比例关系，一般在0.2～1.1之间。垃圾量小，降雨量大的地区，可取高值，垃圾量大，降雨量小的地区，可取低值。

上述几种方法中，水量平衡法最准确，但部分参数难以确定，在我国相关资料不完整的现阶段，该法的应用有限；经验公式法的相关参数易于确定，建议采用；经验统计法的结果可作参考。

渗滤液处理投资大，运行费高，确定适宜的处理规模，显得十分重要。在工程上，如果预测出渗滤液产量较大，则可采用坝内或坝外调节池，把渗滤液均衡，以减小设计规模；并可采用总体设计，分步实施的办法，节约投资，降低风险。

4.7.4 城市垃圾填埋场渗滤液处理

目前国内外渗滤液处理主要技术为生物处理、物化处理和土地处理，其处理方案包括场内处理和场外处理，综合起来可以分成以下五种主要处理工艺：

1）渗滤液——调节池——与城市污水合并处理；

2）渗滤液——调节池——预处理——与城市污水合并处理；

3）渗滤液——调节池——生物、物化现场独立处理；

4）渗滤液——调节池——预处理——回流喷洒处理；

5）渗滤液——调节池——预处理——土地处理。

（1）垃圾渗滤液与城市污水合并进行处理

渗滤液和城市污水合并处理是目前国内常采用的处理方案之一。由于垃圾渗滤液水质成分复杂、水质水量波动大，采用此种方案时，应根据渗滤液的水质状况合理地控制渗滤液和城市污水的比例，以保证污水处理系统的稳定运行。沈耀良等人采用“厌氧-好氧”工艺对苏州七子山城市垃圾填埋场的渗滤液进行处理试验研究，结果表明原渗滤液 COD_{Cr} 浓度为 3700～4500mg/L 时，采用“厌氧-好氧”工艺处理，渗滤液和城市污水的混合比为 4∶6～5∶5 时，系统运行稳定，处理出水 COD_{Cr} 和 BOD_5 浓度可低于 200mg/L，总去除率分别达 88.9%和 96.8%。采用渗滤液与城市污水，合并处理的方案，处理费用低廉，但考虑到污水混合比例问题，渗滤液处理量不大，且受到填埋场附近有无污水处理厂的限制，因此其应用未能得到广泛推广。

（2）在填埋场设污水处理厂进行现场独立处理

对于大型填埋场，建立现场污水处理设施是很有必要的。早期渗滤液可生化性高，可以依靠一系列生物处理方法处理，但到了后期一般需要采用化学-物理的处理方法来处理。杨霞等人采用“pH值调节-吹脱-SBR-加氯消毒”的工艺进行研究，在原水COD_{Cr}浓度为12780mg/L，NH_3-N为739mg/L，pH值调节为7.0后，经吹脱和生化处理，出水COD_{Cr}浓度为418mg/L，NH_3-N为32mg/L；再加氯混合接触后，其废水完全达到排放标准。

我国垃圾填埋厂渗滤液处理工艺，多数选用厌氧加好氧的生物处理方法。例如，北京的阿苏卫垃圾卫生填埋场采用“厌氧＋氧化沟”的方法处理垃圾渗滤液；杭州天子岭垃圾填埋场建设初期主体工艺采用“缺氧＋好氧两段活性污泥法”进行垃圾渗滤液的处理。但据调查，已建成的垃圾渗滤液污水处理场普遍存在运行效果差的现象。究其原因是：这些垃圾渗滤液处理厂所采用的工艺是对城市污水处理厂的处理工艺稍加改造后，套用在垃圾渗滤液处理上，因此并不适合复杂多变的渗滤液废水的特点。

渗滤液进入污水处理场之前已经历了较长时期的有机物厌氧发酵过程，在渗滤液处理的第一道工艺中安排厌氧水解酸化工艺已不适用。由于渗滤液本身存在氨氮和BOD_5比例不协调的特点，渗滤液若采用一般的好氧活性污泥处理工艺，在这种营养比例不协调的情况下，污泥培养不起来或培养好的污泥难以维持。阿苏卫垃圾卫生填埋场在启动阶段，即活性污泥的培养和驯化阶段就遇到了很大的困难，最后采纳国外专家的意见，投放鸡粪和猪粪调节营养后才获得成功。

渗滤液与城市污水和工业废水相比，污染物质浓度高、具有明显的水质水量变化，且变化呈非周期变化的特点，直接汇入城市污水厂进行处理，如果渗滤液的水量太大，城市污水处理厂就有可能出现污泥膨胀、铁的沉淀及重金属毒性影响等一系列问题，水质水量非周期变化的冲击负荷也会严重地威胁到污水厂的稳定运行。另外，由于渗滤液为高浓度废水，处理难度大，经现场处理后水质不稳定，一般无法达到国家排放标准。因而，当垃圾填埋场距离城市污水厂不远时，可以考虑采取适当的现场预处理后，再汇入城市污水厂合并处理。

现场预处理通常可采用生化处理和物化处理。生化处理可采用好氧处理、厌氧处理及两者结合的处理。好氧处理方法包括活性污泥法、曝气氧化塘、稳定塘、生物转盘和滴滤池；厌氧处理包括升流式厌氧污泥床、厌氧淹没生物滤池、混合反应器和厌氧塘。物化法主要有：活性炭吸附、化学沉淀、密度分离、化学氧化、化学还原、离子交换、膜渗析、汽提及湿式氧化法等。和生化处理相比，物化处理一般不受水质水量的影响，出水水质比较稳定，尤其对 BOD_5/COD_{Cr} 比值较低，难以生化处理的渗滤液，有较好的处理效果。但其成本昂贵，能耗大，不便推广使用。

在选取工艺参数时，对于新填埋场，主要考虑进水 COD_{Cr} 的浓度；对于老填埋场，主要考虑 NH_3-N 浓度，同时应定期加入营养磷素。另外，由于渗滤液的停留时间较长，温度变化较大，需要采取有效的措施以保持一定的温度。

（3）渗滤液循环回流喷洒

采用通常的水处理方法对于垃圾渗滤液往往难以适应，因此，目前国内的垃圾渗滤液处理设施一般都较难达到排放标准。国外采用的渗滤液处理工艺较复杂，处理成本高，且由于垃圾成分的差异，渗滤液的水质差异也大，所采用的工艺国内难以借鉴。同时，垃圾填埋场中由于有机物的分解存在有大量微生物的生存和繁殖，完全可以用来分解处理渗滤液中的有机污染物质。因此，利用回流渗滤液可以向填埋层接种微生物，加快有机物的分解和填埋场的稳定，并且可以控制垃圾填埋场沼气的产生，以利于沼气的开发利用。

经试验研究认为，渗滤液回流有助于在填埋层中建立有机物降解的微生物优势菌群；在较小的负荷下，渗滤液经兼性填埋层的回流处理，有机物可以最大程度地降低，COD_{Cr} 去除率最高可达 95％以上；特别是 NH_3-N 处理效果极佳，在半好氧状态下，

NH_3-N浓度可以降到10mg/L以下，有可能不用进一步处理就可以达到排放标准。初期填埋层没有渗滤液的处理能力，但是渗滤液回流有利于加快微生物的培养繁殖和处理能力的形成；在进入稳定期后填埋层中渗滤液回流效果好。

（4）土地处理

渗滤液的土地处理主要是通过土壤颗粒的过滤、离子交换、吸附和沉淀等作用去除渗滤液中的悬浮固体颗粒物和溶解成分。通过土壤的微生物作用使渗滤液中的有机物和氮发生转化，通过蒸发作用减少渗滤液的发生量。渗滤液的土地处理包括：慢速渗滤系统、快速渗滤系统、表面漫流、湿地系统、地下渗滤土地处理系统以及人工土地渗滤处理系统等多种土地处理系统。土地处理投资省、运行费用低，但受气候条件限制，一般只应用于干旱地区。

人工湿地系统是近几年才出现的一种渗滤液土地处理技术，是人为创造的一个适宜水生生物和湿生植物生长的环境。经稳定塘或沉淀池等预处理后的渗滤液，采用人工湿地系统进行处理，具有处理效果好、缓冲容量大，且投资省、能耗低、运行费用低以及运行管理方便等优点。但其净化机理尚不十分清楚，缺乏设计经验参数和规范。此外，还需要及时清淤、收割和更新植物以及防治病虫害等。

采用土壤渗滤和芦苇湿地对渗滤液进行处理，通过静态和动态试验以及小试，土壤渗滤的设计参数为土壤采用粉砂土，厚度为60cm，采用间歇布水，进水COD_{Cr}为1000mg/L左右，其稳定去除率可达60%以上；芦苇湿地床设计参数为水力负荷0.10cm/d，停留时间7.7d，进水COD_{Cr}为400mg/L左右，其出水可达标排放；两种工艺的氨氮去除率均高于90%，去除效果良好。

（5）渗滤液的深度处理

1）混凝沉淀处理　经生物处理后，出水渗滤液中COD的主要成分为腐殖酸、富里酸类有机物、可吸附有机卤代物等。笔者对我国渗滤液经厌氧-好氧生物处理后的出水分别用铁盐和铝盐混凝处理后，COD可从600mg/L降到300mg/L左右，去除率达50%。

2）活性炭吸附　若想在絮凝沉淀之后继续降低出水浓度，可供选择的水处理工艺有活性炭吸附、反渗透与超滤、化学氧化与催化氧化等。活性炭吸附可去除分子量在100～1000之间的富里酸类物质，低于或高于这一范围的有机物不能被有效吸附。经活性炭吸附后，COD去除率可达50%～60%，使出水COD降到150～100mg/L以下。活性炭吸附过程中存在两个问题；一个是堵塞；一个是运行费用。在活性炭吸附之前采用砂滤池可去除悬浮固体颗粒，以解决活性炭滤床的堵塞问题，但活性炭的吸附等温线太陡，很难降低处理费用，为了降低运行成本，只能适当提高出水浓度。

3）化学氧化和催化氧化　化学氧化法的突出优点在于能转化几乎所有的物质，故被广泛用于渗滤液的深度处理。在德国目前约有100座填埋场渗滤液处理厂，其中有15座以化学氧化为深度处理工艺，但应该说渗滤液的化学氧化处理在国外也基本处于实验阶段。目前采用的氧化剂主要是过氧化氢和臭氧，而氯和氯化合物由于残留产物的高毒性，不适合采用。

在没有被激活的情况下，过氧化氢对腐殖酸类物质的氧化能力并不强，因此需要使用如铁盐或紫外线作为催化剂，借以形成·OH基，·OH基可以迅速与有机化合物反应，而且这种反应并不限于某种特定有机物。·OH基清扫剂，如碳酸盐、重碳酸盐和碱性化合物会使这一反应减速，因而，此催化反应要求尽可能降低自由基清扫剂的浓度为必要条件，这可以通过降低pH值，降低碳酸盐浓度和增加氧化势来进行。·OH自由基的氧化效率在pH值为2～4范围内时最大，意味着对生化-絮凝沉淀出水进行酸化中和是必要的。

臭氧的氧化在很多情况下可以直接氧化有机物，但自由基反应可以加速氧化反应。臭氧氧化的吸引力在于可以将复杂有机物转化为简单易于生物降解的有机物。

4）反渗透 近年来，反渗透和超滤技术也被应用于渗滤液的处理。在德国的Damsdoof垃圾填埋场，用反渗透装置来继续处理生化处理出水获得成功。在荷兰、瑞士的几个渗滤液处理厂也使用了该技术。

4.8 垃圾填埋气及其利用

4.8.1 垃圾填埋气特点

填埋气（land fill gas，简称LFG）是填埋场内的有机物质通过微生物厌氧降解、挥发和化学反应而产生的一种混合气体，作为垃圾填埋的副产物，它主要由CH_4、CO_2、O_2、N_2、H_2和多种痕量气体组成，一个成熟的垃圾填埋场CH_4和CO_2可占填埋气总量的90%以上甚至更高。典型的填埋气成分和含量如表4-6所示。

典型的填埋气成分与含量 **表4-6**

成　分	百分比(%)	成　分	百分比(%)
甲烷	45～60	氨气	0.1～1.0
二氧化碳	40～60	氢气	0～0.2
氮气	2～5	一氧化碳	0～0.2
氧气	0.1～1.0	其他痕量气体	0.01～0.6
硫酸盐、硫酸氢盐、硫醇	0～1.0		

填埋气具有以下特点：

1）填埋气是一种温室气体，其中的主要成分CH_4、CO_2能导致温室效应，特别是CH_4气体，它的温室效应是CO_2的20倍以上。

2）填埋气是爆炸性的气体，当空气中的CH_4浓度在5%～15%时，有爆炸的可能性。甲烷比空气轻，它的密度约为空气的0.55倍，在填埋场中会向上运动，并在不渗透的封闭空间内积聚，容易造成爆炸事故。

3）填埋气中含有大量的痕量气体，这些气体大多是非甲烷有机物，它们总量虽然很小，但是对环境和人体健康却具有很大的危害性，而且很多还是“三致”有机物。通过对广州填埋场的研究，发现了包括苯、甲苯、氯乙烯、氯仿等被美国国家环保局（U.S.EPA）列为优先控制物的痕量气体。Young等人测定了英国3个不同的垃圾填埋场周围空气中微量挥发性有机物，共检测出154种化合物，其中116种在各个填埋场中均可检验出。

4）填埋气是一种可回收利用的能源。一般成熟的垃圾填埋场中CH_4的体积含量在55%左右，CO_2的体积含量在45%左右，填埋气的高位热值在15630～19537kJ/m^3，经过一定的处理后，是一种很好的能源。

4.8.2 垃圾填埋气的利用前景

由于垃圾填埋气是一种可回收利用的能源，对它进行利用不仅能减轻其对环境的污染，而且能创造一笔财富，变废为宝。世界上许多国家，如美国、英国早在20世纪70年代就开始了对填埋气的研究，20世纪80年代初便开始利用填埋气。而且随着近些年来环境变迁和温室效应的加剧、石油价格的上涨以及能源危机的加剧，对填埋气的利用更是受到了重视。

徐新华应用统计学的原理，以1991年的数据为基准，认为我国的垃圾产生的甲烷气体如果能够利用起来，相当于700万t的煤炭的能源潜力，直接经济价值达10亿元，同时对环境保护的作用更为可观。

由以上的分析可见，无论是在国外还是在国内，垃圾填埋气都有很好的利用价值和前景，在我国，填埋气的利用一样具有很大的环境效益和经济效益。

4.8.3 填埋气产生模型

下面就其中的具有代表性的模型进行论述。

Palos Verdes 模型假设甲烷产生经历两个阶段，在第一阶段中，甲烷产生速度正比于已经产生的甲烷的体积，第二阶段中，余下的产甲烷潜能（biochemical methane potential）——简称 BMP——的减少速度正比于剩余的产气潜能。Palos-Verdes 模型进一步假设，最大的产气速率和半衰周期 $t_{1/2}$（halftime）都发生在两个阶段的连接点处，$t_{1/2}$是指填埋场中一半的可产甲烷的物质潜能（BMP）转化为甲烷的时间，即是填埋气产生的半衰周期。此模型将可降解的有机垃圾成分分为三大类：快速降解的（食品等），中等程度降解的（纸张、木材、织物等）和难降解的（橡胶、塑料等）。对于每一类有机物用此模型可以计算出时间 t 内产生的气体体积，对时间微分便可求出产气速率。其产气速率如图 4-11 所示。

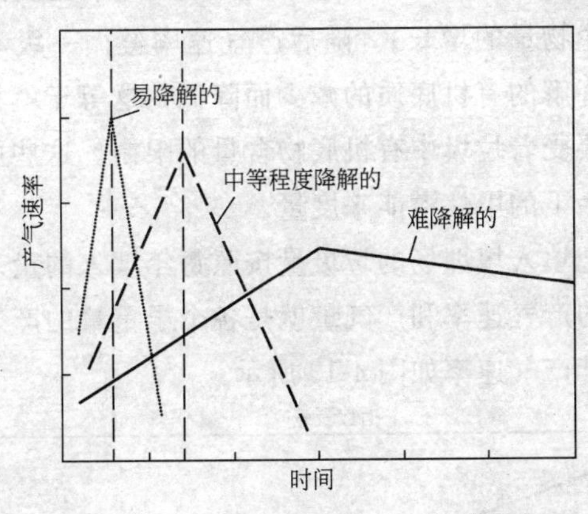

图 4-11　Palos Verdes 模型产气速率图

Sheldon Arleta 模型是从城市污水厂污泥厌氧消化产气曲线（Fair 和 Moore 曲线）中演变而来的。它也假设经历了两个阶段，也服从一级反应，而且它假设两个阶段的转折点也在半衰期处。它将填埋场中的有机物分为两大类：易降解的有机物和相对难降解的有机物，又将这两种有机物分为 24 类，总的产气量是这 24 种产量之和。

此模型是建立在关于垃圾中的有机碳含量及其生物降解性的假设基础上，它假设垃圾中的碳的质量百分含量为 26%，其中 31%为易生物降解的，66%为较慢生物降解的。

其产气速率如图 4-12 所示。

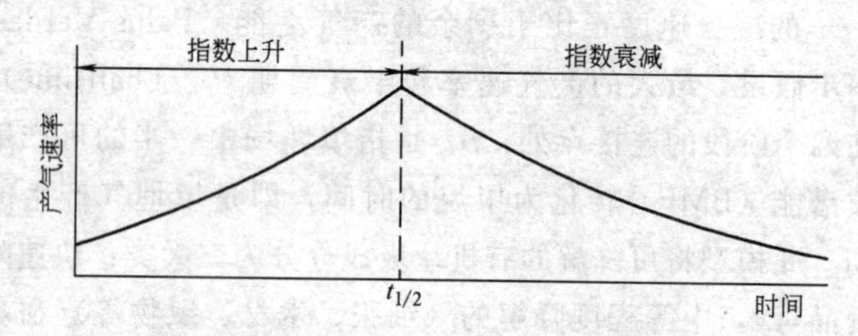

图 4-12　Sheldon Arleta 模型产气速率图

Scholl Canyon 模型假设经历一段可以忽略的时间后，填埋气的产生速率迅速地达到它的最大值（这段时间主要用来建立起厌氧条件和生物量的增长）。随后产气速率遵循一级动力学，反应速度随可降解的有机底质的减少而降低，这等于就是假设微生物的增长主要受着垃圾中有机底物含量的限制。这些可降解的有机物质可由余下的甲烷潜能来度量。

此模型把填入填埋场的垃圾量按照每年填入的量来分为许多子重量，总的产气速率和产气量就是各个子重量的产气速率和产气量之和。其产气速率如图 4-13 所示：

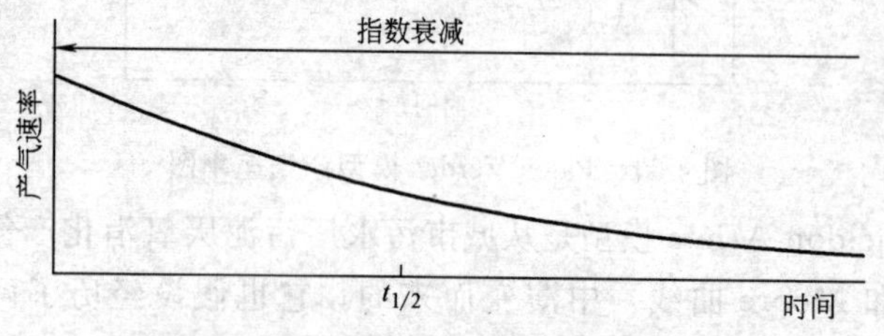

图 4-13　Scholl Canyon 模型产气速率图

Scholl Canyon 模型的优点是模型简单，需要的参数较少。但是应当指出的是，该模型忽略了垃圾自填埋开始到产气速率达到最大这段时间和这段时间的产气量，因此，它只能大体上反映产气速率的变化趋势。

MGMEMCON 模型也把垃圾中的有机物分为三部分：容易降解的有机物、中等程度降解的有机物、较慢降解的有机物，每一种有机物都有其产气曲线，其输入项为垃圾量、成分、含水率以及产气滞后时间（lag time）和转化时间（可降解的物质转化为生物气所需的时间）。三种不同的有机物的转化量之和就是总的垃圾填埋气的产气量，每种有机物的产气量可由下式确定：

$$C_i = kk'W_t P_i(1-M_i)V_i E_i \tag{4-4}$$

式中　C_i——第 i 种成分可产生的甲烷总体积；

W_t——垃圾的总湿重；

P_i——第 i 种成分占的百分比；

M_i——第 i 种成分的含水率；

V_i——第 i 种成分中挥发性固体的含量；

E_i——第 i 种成分中挥发性固体中的可生物降解部分的含量；

$k = 351LCH_4/kgCOD$；

$k' = 1.5kgCOD/kgVSS$。

垃圾总的产气量是其各个不同成分的产气量之和。

其产气速率如图 4-14 所示。

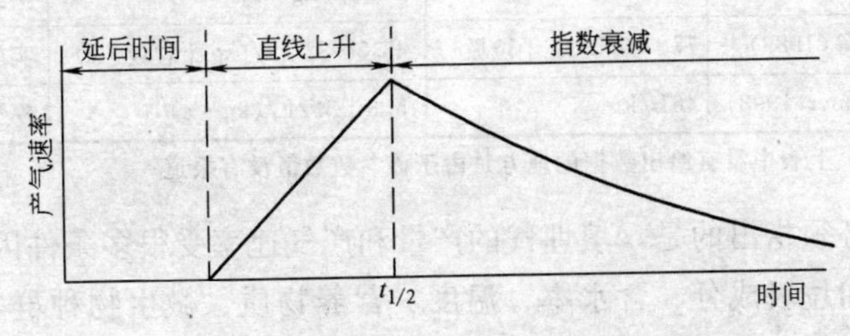

图 4-14　MGMEMCON 模型产气速率图

以上四种模型均为早期的产气模型，它们的共同点就是模型结构比较简单，使用起来较为方便，但是它们的不足之处也很明显。另外还有一些产气模型，但是都存在这样那样的问题，不是与实际情况不能很好地吻合，就是较为复杂，或者两者兼而有之。这些模型都需要在实际的一些填埋场中检验，才能最终确定其优劣性。

确定垃圾填埋场内填埋气的产量和产气速率有很多种方法，最主要的途径有三种：一是实验室模拟；二是现场抽气实验；三是模型估算。

表 4-7 列出了国外报道的由上述三种方法得到的填埋气的比较典型的产量和产气速率的数据。

国外出现的填埋气产量和速率的典型值　　表 4-7

实验者	产气量	产气速率	备注
Farquhar(1973)		7.3L/(kg·a)	实验模拟
Dewalle 等(1978)	5.4L/kg 干垃圾	65.7L/(kg 干垃圾·a)	实验模拟
Pohland(1980)		32L/(kg 干垃圾·a)	实验模拟
EMCON(1981)		9.6L/(kg 干垃圾·a)	现场测试
Pacey(1981)	56～135L/kg 干垃圾	15.2～35.4L/(kg 干垃圾·a)	现场中试
Hoeks 等(1983)	20L/kg		实验模拟
Stegmamn(1986)	186～235L/kg	12.8L/(kg·a)	现场测试
Kinma 等(1987)	112～120L/kg 干垃圾	10.5～35.4L/(kg 干垃圾·a)	实验模拟
Wise 等(1987)	100～400L/kg	3.9～130L/(kg·a)	实验模拟
Barlaz 等(1987)		200L/(kg·a)	实验模拟
Barlaz 等(1989)	77～107L/kg 干垃圾	45.5～82.2L/(kg 干垃圾·a)	实验模拟
N. Gardner(1993)	48L/kg	5.8±3.2L/(kg·a)	模型估算

注：上表中没有给出数据的地方是由于该参数数值没有报道。

必须指出的是，填埋气的产量和产气速率受很多条件因素影响，如垃圾成分、含水率、温度、营养物质、微生物种群等等，填埋气的产量与产气速率千差万别，同时填埋气在填埋场的迁移运动十分的复杂，土壤覆盖层中的微生物对甲烷具有一定的氧化能力，十分准确定量地预测和收集填埋气比较困难。

国内目前在垃圾填埋气产量和产气速率上的研究还很少，而且这些研究都还处于初步探索阶段，虽然取得了一些有参考价值的数据，但还远远不能满足我国对填埋场气体进行大规模控制和利用的需要。虽然国外在这方面已做出了大量的工作，有很多的经验及研究成果可以借鉴，但是由于填埋气的产量和产气速率与垃圾的成分和其他的一些条件如含水率、温度、pH 等有着密切的关系，而我国的垃圾成分及其他有些参数与发达国家差别较大，因此不能完全照搬国外的产气模型。这些差别主要表现在：

1）垃圾中有机物含量和国外的相比虽低，但食品垃圾的含量较高，食品垃圾较易生物降解，因此产气速率会较快。

2）垃圾中的碳氮比较低。国外垃圾 C/N 典型值为 49∶1，而我国垃圾 C/N 约为 20∶1，实践证明：20∶1～30∶1 的 C/N 为细菌厌氧发酵的最佳 C/N。

3）垃圾含水率相差较大，我国垃圾含水率一般在 40%～60%，甚至更高，而国外在 20%～40%左右。

4.8.4 填埋气体的利用

工程上对填埋气的控制手段主要有两种：被动型和主动型。

（1）被动型控制

如图 4-15、图 4-16 所示，被动型气体控制是利用填埋场内部产生气体的压力和浓度梯度，将气体导排入大气或控制系统。对于填埋场主要气体和微量气体，被动控制是在主要气体大量产生时，为其提高渗透性的通道，使气体沿设计的方向运动。例如，通过由透气性较好的砾石等材料构筑的气体导排通道，填埋场内产生的气体被直接导入大气、燃烧装置或气体利用设备。适于顶部、周边及底部防透气性能较好的填埋场或仅考虑防止气体向周边土壤迁移的填埋场。被动型控制只解决部分环境问题，如

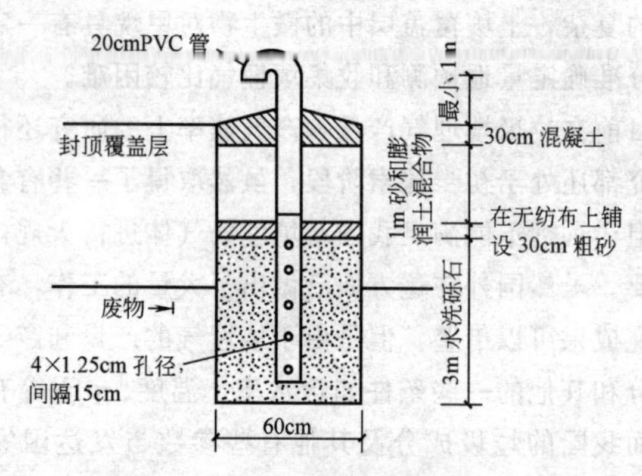

图 4-15　被动控制隔离气体排气口示意图

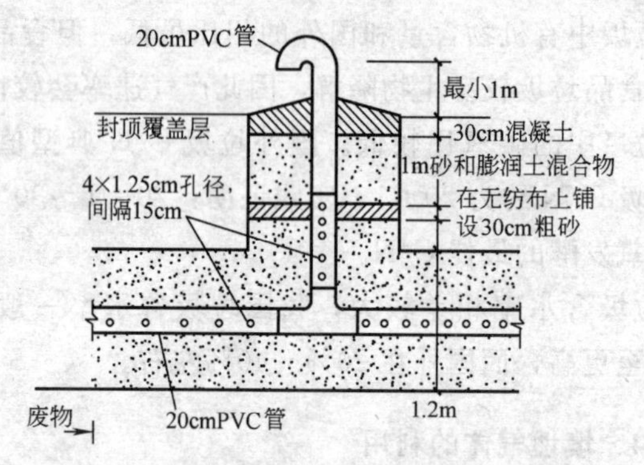

图 4-16　被动控制有穿孔联结排气口示意图

减少爆炸的危险、防止填埋气压力释放损坏防渗层及阻断 LFG 的地表迁移等，尚不能满足对气体进行充分回收和利用的要求。

（2）主动型控制

主动型气体控制是通过空气泵等耗能设备创造压力梯度来收集气体，收集的气体可进行利用，也可直接燃烧。其收集系统又可分为垂直收集系统和水平收集系统。垂直收集系统一般在填埋场大部分或全部填埋完成以后，再进行钻孔和安装，适用于分区填埋的填埋场；而水平收集系统在填埋过程中即进行分层安装，适于分层填埋的填埋场和山谷型自然凹陷的填埋场。主动型气体控制系统的关键是根据收集井的影响范围确定系统的布设，保证填埋场内各部分气体尽可能完全地被回收。对于有合适条件（填埋垃圾中可降解有机物的含量较高、产气量大、产气速率稳定）的填埋场，应该鼓励采取主动收集利用填埋场气体的方法，不仅可消除安全隐患，防止环境污染，同时可获得一定的经济效益。

集气井（竖向石笼）如图 4-17 所示，设置在距主支垃圾渗滤液收集管交汇处的竖向石笼间距为 100m，直径为 15m，周围填充碎石，内设 *DN*250 的 HDPE 穿孔导气管，竖向石笼与各层碎石盲沟连通，这样可以通过各填埋层的碎石盲沟收集填埋场内不同高程产生的沼气。主要的集气管应设计成环状网络，如图 4-18 所示，这样可以调节气流的分配和防止较低的整体系统压力因场外气流变化而下降。主动型气体控制系统的关键是根据收集井、收集沟的影响范围确定系统的布设，保证填埋场内各部分气体有可能完全地被回收。

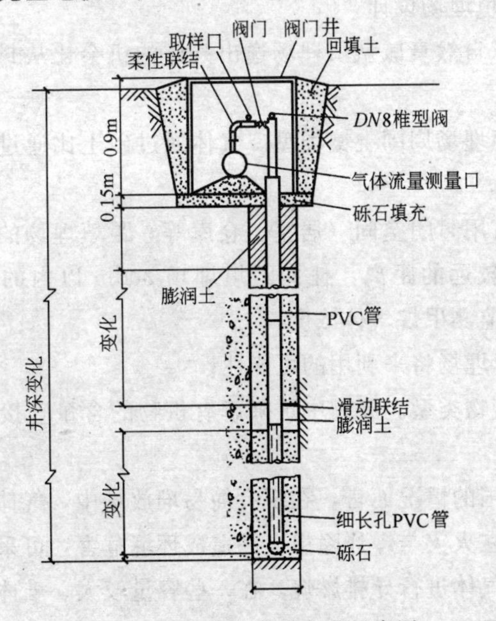

图 4-17　填埋场气体集气井示意图

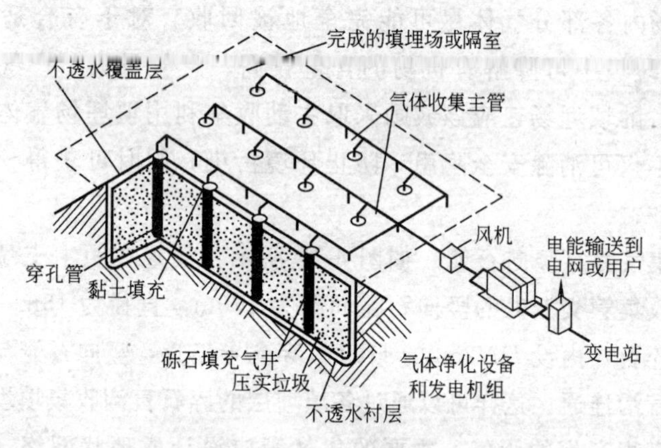

图 4-18　采用垂直井的填埋场气体回收系统

在选择填埋气控制方式时，应立足于填埋场的实际情况、地形特征、产气状况、控制要求及资金情况，同时考虑以下问题，进行综合考虑，确定最佳方案。

(3) 填埋场设计

1) 从自然衰减型填埋场逸出气体的机会比从封闭型填埋场的大；

2) 填埋场周围土壤类型。气体通过砂土比通过黏土更容易迁移；

3) 有用封闭空间（居室、仓库等）距填埋场的距离。填埋气可迁移较远的距离，任何距填埋场 300m 以内的有用封闭空间，都应监测甲烷气体浓度；

4) 填埋场将来利用的可能性；

5) 废物类型。废物中可降解有机物的含量直接影响填埋气的产量。

就我国的情况而言，在现有简易堆放场中，气体大多无组织释放，存在火灾与爆炸隐患，并造成环境危害，可采用被动控制的方式对气体进行导排燃烧。在一些容量较大、堆体较深、垃圾有机物含量高，且操作管理水平较高的填埋场，可以考虑采取主动方式回收利用填埋场气体。对于新建填埋场，可以在填埋初期通过被动方式控制气体释放，当产气量提高到具有回收价值后，开始对气体进行主动回收利用。

4.8.5　填埋气体的收集

对于大型垃圾填埋场，填埋一段时间后，填埋气体逐渐增多，填埋气体主动导排系统应及时建立，并根据情况建设气体利用设施。

目前气体利用方式通常有以下几种：

（1）燃气内燃机发电

该种方法是利用填埋气体作为燃气内燃机的燃料，带动内燃机和发电机发电。这种利用方式设备简单，投资少，不需对填埋气体做复杂的净化脱水，适合于发电量为1～4MW的小型填埋气体利用工程。

（2）燃气轮机发电

该种方法是利用填埋气体燃烧产生的热烟气直接推动涡轮机，涡轮机带动发电机发电。这种利用方式与燃气内燃机发电方式相比，设备比较复杂，投资较大，需要对填埋气体进行深度冷却脱水处理，适合于发电量为3～10MW的填埋气体利用工程。

（3）填埋气体作为燃料的蒸汽轮机发电

该种方法是利用填埋气体作为锅炉燃料，产生蒸汽，蒸汽再带动蒸汽轮机发电。在规模较大、填埋气体产生量大的垃圾填埋场宜采用这种方式，一般发电量在5MW以上。

（4）填埋气体用于锅炉燃料

这种利用方式是用填埋气体作为锅炉燃料，用于采暖和热水供应。这是一种比较简单的利用方式，这种利用方式不需对填埋气体进行净化处理。设备简单，投资少，适合于垃圾填埋场附近有热用户的地方。

（5）用于民用或工业燃气

该种方式是将填埋气体净化处理后，用管道输送到居民用户或工厂，作为生活或生产燃料。此种利用方式需要对填埋气体进行比较细致的处理，包括去除 CO_2、少量有害气体、水蒸气以及颗粒物等。投资大，技术要求高，适合于规模大的填埋场气体利用工程。

(6) 生产压缩天然气

此种方式是将填埋气体净化后，压缩成液态天然气，罐装储存，有的直接压缩到汽车的压缩气罐里，用作汽车燃料。这种方法需对填埋气体施加高达 5～20MPa 的压力，工艺设备较复杂。

(7) 其他利用方式

最近国外对填埋气体又开发了一些新的用途，主要有：用填埋气体制造燃料电池、用填埋气体制造甲醛产品以及制造轻柴油等。这些利用方案均在研究和开发中，离实际应用尚有一定距离。

4.9 垃圾卫生填埋场的运行管理

4.9.1 垃圾卫生填埋场运行前的准备

(1) 垃圾填埋场环境监测本底值的测定

在垃圾填埋场运行前应对填埋场的环境质量做一个全面检测，检测值存入档案，作为本底值供以后参考。本底检测的内容按照设计的要求执行，一般要测填埋场上下游的地下水水质、周围地面水水质以及周围大气质量。

(2) 填埋工艺设施的准备

在垃圾卫生填埋场投入运行前，应先按照设计要求，作好填埋单元的划分并确定填埋的顺序，为填埋单元编号。第一填埋单元确定以后，即可准备该单元的场底设施，一般应铺设导气井、渗滤液导排设施、临时进场道路及垃圾卸料平台等。

(3) 填埋设备机具的准备

在准备填埋工艺设施的同时，就应准备填埋设备机具，主要有垃圾压实机、推土机、挖土设备、运土车辆、计量设备、污水导排设备、污水处理设备等。

(4) 辅助设施的准备

辅助设施的准备主要是检查场内运输道路、机械维修车间、管理用房、供电工程、给排水工程、供热工程（对于北方地区）等是否正常。

(5) 人员培训（操作人员及管理人员）

人员培训在垃圾填埋场建设期间就应开始，人员培训主要包括操作人员培训和管理人员培训。操作人员可以分不同岗位进行分别培训，管理人员可以集中培训。

(6) 垃圾填埋场运行规划的制定

在人员培训完成以后，填埋场管理人员应根据设计确定的填埋规划制定更加具体的填埋场填埋操作规划。规划内容应包括以下内容：

1) 填埋场分区规划；

2) 分单元分层填埋规划；

3) 终场覆盖规划；

4) 填埋场填埋标高、容量和时间的关系曲线；

5) 渗滤液处理规划；

6) 按照国家有关法规制定清单。

4.9.2　垃圾填埋操作

(1) 垃圾的检验与计量

在垃圾运至填埋场时，应由检验员先对垃圾进行检验，对禁止接纳的垃圾进行管制，拒绝进场。对于合格的垃圾进行称量，然后根据垃圾的类别向调度员发出信号。按照规定，城市生活垃圾填埋场禁止填埋工业有毒有害垃圾，因此检验员应对工业有毒有害垃圾进行严格管制。

(2) 垃圾的调度

调度员接到垃圾类别的信号后，指挥垃圾车卸在指定位置。目前国内对进入填埋场的垃圾还没有分类、分区填埋，国外发达国家的垃圾填埋场一般都对不同类型的垃圾实行分区填埋。一般分有机垃圾、建筑垃圾、污水厂污泥和一般生活垃圾等。

(3) 垃圾的倾倒

在垃圾运输车进入填埋区指定单元后，由现场指挥员指定倾倒地点，卸完垃圾，运输车沿指定路线离开填埋区。为了保持垃圾作业面及倾倒点的整洁，应尽量缩小填埋作业面的面积。有的填埋场为了减少进出填埋作业面的垃圾车数量，在填埋作业面的外面设置集装箱，小型垃圾车可将垃圾卸入集装箱内，集装箱装满后再由大型车运至填埋作业面的倾倒点。

(4) 垃圾的摊铺压实

垃圾的摊铺压实是填埋作业中很重要的一个环节。垃圾压实的作用在于减小垃圾的容积，增加填埋场的使用年限，减小日后的沉降并能有效防止害虫的孳生以及垃圾中轻物质随风飞散等。另外垃圾压实后可增大有机物降解的速度，缩短垃圾填埋场稳定年限，节约维护费用。

垃圾卸车后，应使用压实机立即进行摊铺和压实，摊铺厚度一般为 300mm，碾压次数一般为 3～4 遍。摊铺压实方式主要有两种，一种是上行式，一种是下行式，如图 4-19 所示。

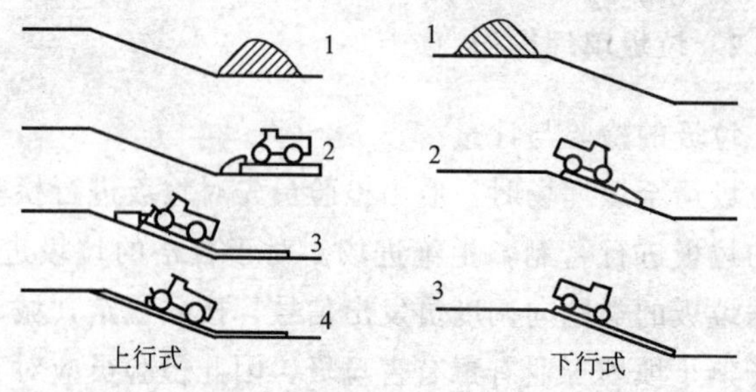

图 4-19 摊铺压实方式示意图

上行推铺压实方式就是压实机从下往上沿斜坡推铺碾压垃圾的方式。

下行推铺压实方式就是压实机从上往下沿斜坡推铺碾压垃圾的方式。

垃圾压实机的选用一般应适应垃圾的特性。对有机物含量小的垃圾，采用较重型（25～30t）的垃圾压实机；对有机物含量大的垃圾，采用较轻型（20～25t）的垃圾压实机。

（5）日覆盖

在一天的垃圾推铺压实完成后，应用覆盖土将裸露的垃圾进行临时覆盖，以防止臭味的外逸以及蚊蝇的孳生。此覆盖称为日覆盖，覆盖厚度为100～150mm。日覆盖材料可以用建筑渣土、沙性土或塑料膜，不适用黏性较大的土，因黏性土在垃圾表面很快变湿变黏，影响压实机及垃圾车的行走。

（6）中间覆盖

垃圾填埋高度达到一个阶段性高度时，填埋作业面需要移到别的单元或区域，这部分已填垃圾的面上将持续较长时间不填垃圾，为避免雨水大量渗入垃圾层，需要对这部分垃圾做中间覆盖。中间覆盖的厚度应大于日覆盖的厚度，以便能有效地阻挡雨水渗入垃圾体内。中间覆盖的厚度一般为200～500mm，覆盖材料一般为天然黏性土。中间覆盖应留适当的坡度，以便增大雨水的表面径流，减小渗透。

（7）终场覆盖

在某一填埋区或填埋单元填埋高度达到设计最终标高时，应按设计要求对该填埋区或填埋单元及时实行终场覆盖，覆盖后还应及时绿化。做及时终场覆盖和绿化的目的就是尽量减小雨水的下渗，尽快恢复填埋场的植被。终场覆盖层的结构一般由保护层、隔水层、排水层及耕植土层等组成。具体的覆盖结构和材料选择可视不同的填埋场条件，由设计人员根据有关标准确定。

4.9.3 垃圾填埋辅助工程

（1）填埋过程中的卫生防疫

在填埋操作过程中垃圾中的一些有机物将会寄生一些害虫和病菌，如苍蝇、蚊子、老鼠、蟑螂、病原菌等。因此在垃圾填埋过程中需要进行灭蝇、灭鼠等的卫生防疫工作，对暴露的垃圾面应及时洒药，场区定期、定点投药，杀灭害虫。

（2）环境监测

环境监测也是垃圾填埋场运行管理的一项主要内容。环境监测的主要目的就是及时发现污染、制止污染。环境监测的内容一般包括地下水、地表水、排放水、场区大气质量、气体排放等。不同的监测内容有不同的监测点和监测周期，各监测内容的监测设点及监测周期可根据规范和工程实际需要确定。

（3）填埋工艺设施及设备的维护

在垃圾填埋场运行管理期间，由于每天都需要做垃圾填埋的操作，填埋工艺设施和设备的利用率非常高，设施及设备的故障是不可避免的。为了确保每天的垃圾都能得到妥善的处理，填埋工艺设施和设备的维修是不可缺少的。通常在填埋场均建有机修车间，一些常规的机械维修均可在场内进行，这样可保证设备及时维修，及时恢复使用。

（4）场区绿化

为了从感观方面美化填埋场区，减少填埋场的雨水冲刷以及扬尘，填埋场一般都应做好场区绿化。场区绿化尽量做到无裸露土地，填埋作业区除垃圾作业面以外，均应实施绿化，临时覆盖表面做临时绿化，最终覆盖表面做永久绿化。

4.9.4 垃圾填埋设备

（1）主体设备

填埋场主体设备是指垃圾填埋工艺所需机械设备，包括垃圾计量、垃圾摊铺、垃圾压实、修边坡、覆土、渗滤液导排与处理、气体导排与处理等各工艺过程的机械设备。填埋场主体设备的名称和用途见表4-8。

填埋场主体设备 表4-8

设备名称	用途	一般规格	配置	备注
电子衡	垃圾计量	20～40t	一般配计算机自动记录和打印系统	
推土机	垃圾摊铺、覆土	湿地型	每个场配备1～3台	根据填埋场规模确定
压实机	垃圾的压实	25～35t	每个场配备1～3台	根据填埋场规模确定
挖掘机	挖土、修边坡	中型	每个场配备1～2台	
自卸卡车	运土	5t	每个场配备2～4台	根据填埋场规模确定
污水处理成套设备	污水处理		设计确定	
填埋气体导排处理成套设备	填埋气体导排与处理		设计确定	

(2) 辅助机械设备

垃圾填埋场辅助机械设备是指机械维修设备、供配电设备、通讯设备、场区保洁设备、卫生防疫设备、管理设备、交通设备等。这些设备也是填埋场正常运行不可缺少的。

4.10 垃圾卫生填埋场的封场及封场后的维护

4.10.1 填埋场封场

垃圾填埋场在运行至设计年限，达到设计填埋高度后，应停止垃圾的填埋，及时封场。封场的内容主要有：

1）按照设计要求做好最终覆盖；

2）对填埋区进行园林绿化；

3）在填埋区垃圾最终覆盖层表面做好雨水排导设施；

4）做好气体导排井的建设，如填埋操作期间没有完善的气体导排井，封场后应完善，保证气体导排井覆盖整个填埋区。

4.10.2 填埋场封场后的维护

(1) 填埋气体的导排与回收利用

在填埋场封场后的第一年，全场填埋气体的产气速率达到最大值，因此封场后第一年填埋气体导排系统的抽气流量和负压应调到最大，气体利用系统的能力也要调整至最大。此后填埋气体产气速率将逐年减小，因此填埋气体导排系统的抽气流量和负压也应逐年调整，以使抽气速率基本等于填埋气体产气速率。气体利用系统的能力也要逐渐调整，以适应气体量的变化。当气体回收的收入小于系统运行成本时，气体回收利用系统可停止运行，填埋气体导排系统继续运行，抽出的气体全部经火炬燃烧后排放。

(2) 污水处理

垃圾填埋场封场以后，垃圾停止填入，场内有机物由于降解而逐渐减少，垃圾渗滤液的浓度也逐渐减小。因此在填埋场封场后，渗滤液处理系统的运行应根据水质的变化逐渐调整，以获得最好的处理效果。

(3) 环境监测

在垃圾填埋场封场以后，由于填埋气体以及渗滤液的产生还要持续很多年，因此环境监测在封场后也不能间断。封场后随着填埋场年限的增加，填埋气体产生量以及渗滤液的有害物浓度将逐渐减小，环境监测的频率可以适当调整。

(4) 场区绿化的维护

封场以后垃圾填埋区的绿化应由简单到高标准逐渐实施。封场前期，由于填埋堆体还很不稳定，填埋气体产生量很大，这时堆体的绿化主要考虑种植一些耐旱、抗污性强的草坪。草坪种植后，应有专业人员定期查看，发现有长势不好或死亡现象应及时查找原因，采取补救措施。在封场中后期，填埋堆体逐渐得到稳定，填埋气体产生量有了较大减小，这时填埋堆体上可试验种植一些花卉、灌木、乔木等植物，以增加植物的吸收作用，同时也可更好地避免填埋堆体对土壤的侵蚀。

4.10.3 填埋场土地的再开发利用

在垃圾填埋场封场的中后期，填埋堆体逐渐稳定，填埋气体对环境的影响也逐渐变小。这时如果垃圾填埋场的位置具有较好的土地开发利用价值，就可以对填埋场进行开发利用。开发利用可根据不同城市、不同地区的情况选择较为适宜的方式。目前国内外垃圾填埋场开发利用方式有高尔夫球场、风景公园、停车场等多种形式。

第5章 垃圾堆肥

随着工业化的进行和人们对农作物高产的追求，农业生产中长期施用的有机肥料被廉价而速效的化肥所代替。结果造成农田土壤由于腐殖质的减少而逐渐贫瘠化，维系千百年的良性循环开始遭到破坏。为了防止土壤有机肥力的衰减，必须增加土壤中的腐殖质。固体废弃物的堆肥化就是制造出富含腐殖质的肥料，并进行土地还原的过程。

5.1 垃圾堆肥技术的国内外发展概况

垃圾堆肥是在有控制条件下，利用微生物使垃圾中有机物降解为稳定的腐殖质的生物过程。由于生成的腐殖质可以用于农田有机肥，所以对此垃圾生物处理过程俗称“垃圾堆肥技术”。

垃圾堆肥在国外发达国家发展较早，开始是较简易的静态好氧堆肥，1933年，丹麦人发明了滚筒式垃圾发酵仓，从此，机械化堆肥技术得到了迅速发展。但随着城市垃圾中包装物及塑料等不可降解物的增多，可降解有机物的比例越来越小，给机械化堆肥带来很大难度，垃圾堆肥随之走了下坡路。20世纪70年代，欧洲一些国家开始推行垃圾分类收集，将可降解有机物（主要是厨余垃圾和园林垃圾）单独收集起来进行堆肥处理，堆肥技术又开始活跃起来。特别是近些年，随着环保要求的不断提高，欧洲一些国家纷纷出台限制有机垃圾直接填埋的法规，可降解有机物只有堆肥处理才能符合环保要求，目前欧洲一些国家对可降解有机垃圾均采用堆肥的方法处理。

现代堆肥技术是从20世纪30年代开始发展的，发展至今，已经形成了各种完善的工艺和成套设备。由于堆肥产品的市场等原因，垃圾堆肥处理特别是城市生活垃圾的堆肥处理在发达国家曾一度处于停滞甚至萎缩状态。进入20世纪90年代以后，由于欧美发达国家对垃圾填埋场的标准和焚烧处理的排放标准都不同程度地进行了修订并作了进一步提高，焚烧处理和填埋处理成本也随之增加；堆肥技术作为一种符合生态原理的城镇生活垃圾处理方法，近年来受到欧美一些发达国家的重视，再加之垃圾分类收集的普遍推行以及垃圾再生利用得到广泛的重视为堆肥处理的发展提供了良好基础条件，堆肥处理在欧美等国家又呈上升的发展趋势。特别是1996年欧盟提出逐步减少进入填埋场的有机垃圾的城市垃圾管理政策以后，有机垃圾堆肥技术得到了普遍应用和发展。据报道，美国1996年全国庭院垃圾堆肥处理场达到3400座，比1988年增长了4倍以上，欧洲大陆大型垃圾堆肥场从1990年的87座增加到1996年的684座。

国内的堆肥技术发展也是比较早的，在几十年以前由于我国的经济还比较落后，农业很少使用化肥，有机肥是农业的主要用肥，当时城市的生活垃圾（主要是菜叶和煤灰）主要是采用简易堆肥处理，处理后的产品销往农村，供不应求。

随着经济的发展和居民生活水平的提高，垃圾中的不可降解物越来越多，堆肥难度越来越大，堆肥质量越来越差，堆肥的销路越来越差。另一方面随着高效化肥的供应量增加，农民不愿再花钱购买肥效低的垃圾堆肥。因此从20世纪80年代后期开始，垃圾堆肥一直在走下坡路。近几年随着环保和资源再利用意识的提高，在一些城市建设了一批机械化程度比较高的垃圾堆肥厂，但由于生活垃圾未实现分类收集，堆肥厂配置的一些分选设备对混合垃圾的分选效果不够理想。过去的一段时间政府有关部门对垃圾堆肥的认识存在误区，认为垃圾堆肥就是要生产肥料，要出售赚钱，政府不用对垃圾堆肥处理厂补贴运行费用。但是近些年，堆肥处理技术在我国得到了较大的发展，许多城市正在或已经建起了垃圾堆肥处理厂。

5.2 堆肥化的基本内容

根据在处理工程中起作用的微生物对氧气要求的不同，生物处理可分为好氧堆肥化和厌氧堆肥化两类。

5.2.1 好氧堆肥法

好氧堆肥过程是微生物自发活动的过程，只要垃圾中有一定的水分和通风条件，微生物就在混合有机垃圾中自然生长。微生物分解垃圾中的有机物并产生热量，使堆肥的温度上升，温度上升可分为三个阶段：第一为发热阶段，微生物大量繁殖，将单糖、淀粉、蛋白质等有机物迅速分解，使温度逐渐上升；第二为高温阶段，当温度上升超过50℃时，纤维素、果胶等物质开始分解，一直到温度上升并保持在70℃左右时，有机质处于半腐熟状态，这时所有的病原微生物除一些孢子外都被杀死；第三为降温阶段，嗜温菌停止繁殖，并停止产热，堆肥温度慢慢下降至40℃以下，这时新的微生物（主要是真菌和放线菌）借助剩余有机物而生长，使堆肥完全腐熟。最终产品为各种剩余物组成的有机腐殖物料。

5.2.2 厌氧堆肥法

与好氧堆肥相反，厌氧堆肥是有机物质在缺氧的条件下，通过种类繁多、数量巨大且功能不同的各种微生物的分解代谢，最终产生沼气的生物过程。

图5-1简单说明了有机物的厌氧分解过程。

从图可以看出，当有机物厌氧分解时，主要经历了两个阶段：酸性发酵阶段和碱性发酵阶段。分解初期，微生物活动中的

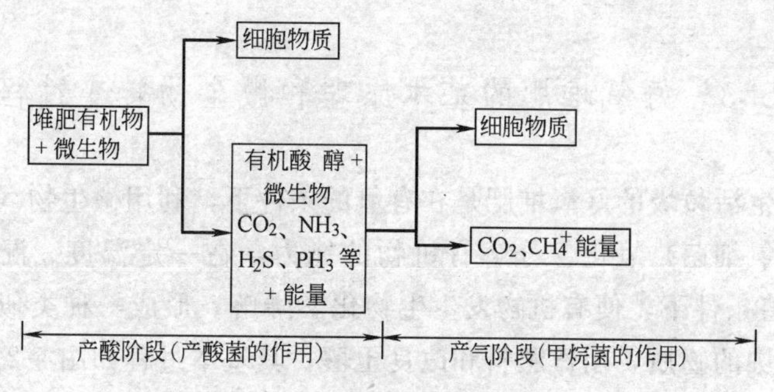

图 5-1　有机物的厌氧堆肥分解

分解产物是有机酸、醇、二氧化碳、氨、硫化氢、磷化氢等。在这一阶段中，有机酸大量积累，pH 值逐渐下降，另一群统称甲烷细菌的微生物开始分解有机酸和醇，产物主要是甲烷和二氧化碳。随着甲烷细菌的繁殖，有机酸迅速分解，pH 值迅速上升，这一阶段的分解叫碱性发酵阶段。以纤维素为例，堆肥的厌氧分解反应为：

$$(C_6H_{12}O_6)_n \xrightarrow{\text{微生物}} n(C_6H_{12}O_6)(\text{葡萄糖}) \tag{5-1}$$

$$nC_6H_{12}O_6 \xrightarrow{\text{微生物}} 2nC_2H_5OH + 2nH_2O + \text{能量} \tag{5-2}$$

$$2nC_2H_5OH + nCO_2 \xrightarrow{\text{微生物}} 2nCH_3COOH + nCH_4 \tag{5-3}$$

$$2nCH_3COOH \xrightarrow{\text{微生物}} 2nCH_4 + 2nCO_2 \tag{5-4}$$

总反应式为：

$$(C_6H_{12}O_6)_n \xrightarrow{\text{微生物}} 3nCO_2 + 3nCH_4 + \text{能量} \tag{5-5}$$

对于好氧堆肥和厌氧堆肥的比较，见表 5-1：

好氧堆肥与厌氧堆肥比较　　**表 5-1**

	处理周期(d)	产品	杀病原菌和寄生虫	有机物分解	臭味	生产	应用
好氧法	10～30	优质腐殖质肥	能完全杀死	比较彻底	少	可采用多种机械	广泛
厌氧法	80～100	甲烷腐殖质肥	不能完全杀死	不彻底	浓	工艺简单操作方便	较少

5.3 好氧堆肥的基本原理和微生物转变过程

生活垃圾的好氧堆肥是在有氧的条件下，利用微生物（主要是好氧细菌）氧化、分解有机物的能力，在一定温度、湿度和pH值条件下，使有机物发生生物化学降解，形成一种类似腐殖质土壤的物质，用作肥料和改良土壤，其基本过程如图5-2。

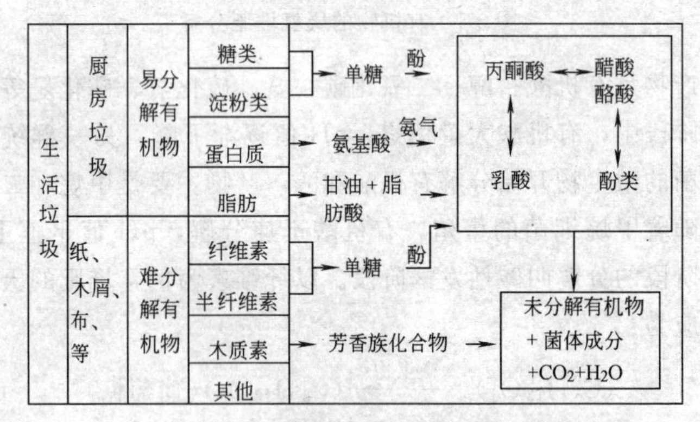

图5-2 垃圾好氧分解过程图

好氧高温堆肥化从垃圾堆积到腐熟，微生物的生化过程比较复杂，根据堆肥过程中温度的变化，可将其分为三个阶段：

(1) 中温阶段

中温阶段亦称为发热阶段或升温阶段。好氧高温堆肥过程中温度的升高是由于好氧微生物（细菌、真菌、酵母菌和放线菌等）在分解有机物过程中释放出的热量造成的。

堆肥初期，堆层基本呈中温，嗜温性微生物（中温放线菌、蘑菇菌等）较为活跃，并利用堆肥中可溶性有机物质（单糖、脂肪和碳水化合物）旺盛繁殖。它们在转换和利用化学能的过程中，释放出热能，由于堆料有良好的保温作用，温度不断上升。随着温度上升，嗜温菌更为活跃，并大量繁殖，这样又导致更多的有机物降解和释放出更多的热能。此阶段微生物以中温、需氧型为主，通常是一些无芽孢细菌。适合于中温阶段的微生物种类很多，其中最主要是细菌、真菌和放线菌。这些菌类虽然都有分解有机物的能力，但对不同温度有各自的适应性，且对不同的化合物喜好也各异，如细菌特别喜欢水溶性单糖类，放线菌和真菌对分解纤维素和半纤维素物质具有特殊功能。

（2）高温阶段

当堆肥温度上升到 45℃以上时，即进入堆肥过程的第二阶段——高温阶段。此时，嗜温性微生物受到抑制甚至死亡，取而代之的是一系列嗜热性微生物（真菌、放线菌等）。堆肥中残留的、新形成的可溶性有机物继续分解转化，复杂的和一些难分解的有机化合物（半纤维素、纤维素、蛋白质和木质素等）也开始被逐渐分解，腐殖质开始形成，堆肥物质进入稳定状态。高温阶段，各种嗜热性微生物的类群和种类是相互接替的，一般在 50℃左右进行活动的主要是嗜热性真菌和放线菌；温度上升到 60℃时，真菌几乎完全停止活动，仅有嗜热性放线菌和细菌在活动；温度上升到 70℃以上时，对大多数嗜热性微生物已不适宜，微生物大量死亡或进入休眠状态，除一些孢子外，所有的病原微生物都会在几小时内死亡，其他种子也被破坏。

与细菌的生长繁殖规律一样，根据微生物的活性，可将其在高温阶段生长过程分为三个时期：

1）对数增长期　这一时期，嗜热性微生物处于对数增长期，营养过剩，其活性增长速度与有机物浓度无关，仅与温度及供氧量有关。

2）减速增长期　在易分解和部分较难分解有机物不断消耗和新细胞不断合成后，堆肥中有机物含量急剧下降，直至有机物不再过剩，且成为微生物进一步生长的限制因素，嗜热性微生物便从对数增长期过渡到减速增长期。此时，微生物增长速度将直接与剩下的营养物浓度成正比。

3）内源呼吸期　此时，继续通入空气，微生物仍不断地进行代谢活动，但因堆肥中易分解和部分较易分解有机物几乎耗尽，微生物地代谢进入内源呼吸期，虽然在有机物充足时内源呼吸也存在，但细胞的合成远大于消耗，故其表现不明显，而在内源呼吸期则不然，因为此时微生物已不能从其周围环境中获得足够的能量以维持其生命，于是开始显著地代谢自身细胞内的营养物质，随后，微生物在维持其生命中逐渐死亡，细胞内部分解酶开始分解细胞壁某些部分，营养物质便离开细胞本体向外扩散，以提供给活着的微生物较多营养，此时，细胞的生长虽没有完全停止，但被细胞的分解所超越，致使微生物数量减少，由于此时能量水平低，耗氧减少，故通气量亦可减少。

在高温阶段微生物活性经历了三个时期变化后，堆积层内就开始发展与有机质分解相互对立的另一过程，即腐殖质的形成过程，堆肥物质逐步进入稳定状态。图 5-3 反映了堆肥高温阶段微生物活性变化情况。

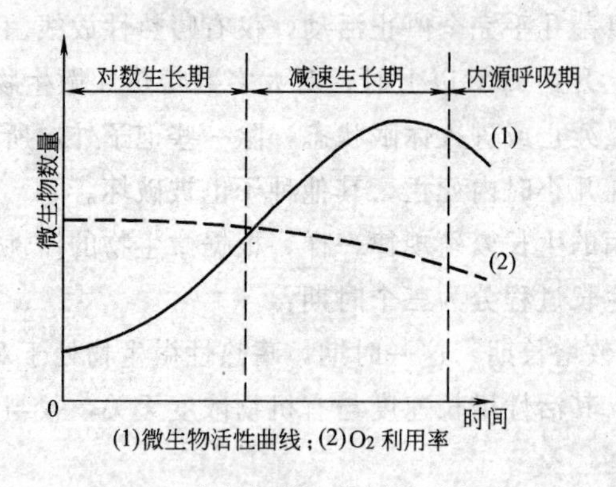

图 5-3　高温期微生物活性示意图

(3) 腐熟阶段

经过高温阶段，在内源呼吸后期，堆肥中有机物基本降解完毕，只剩下部分较难分解及难分解的有机物和新形成的腐殖质，嗜热型微生物由于缺乏适当的营养物质而停止生长，即其生物活性下降，发热量减少。堆肥温度会由于热量的散失而逐渐下降，堆肥过程进入第三阶段——腐熟阶段。在此阶段，中温微生物又开始活跃起来，重新成为优势菌种，对残余较难分解的有机物作进一步分解，腐殖质不断增多，且稳定化。当温度下降并稳定在40℃左右时，堆肥基本达到稳定。

堆肥进入腐熟阶段，降温后需氧量大大减少，含水量也降低，物料孔隙率增大，氧扩散能力强，此时只需自然通风。

实践证明，堆肥温度在60℃以上保持3天，就能杀死垃圾中的寄生虫卵、病原微生物和杂草种子，达到无害化的目的。

一般情况下，利用堆肥温度变化来作为堆肥过程（阶段）的评价指标。一个完整的堆肥过程由四个堆肥阶段组成。每个阶段拥有不同的细菌、放线菌、真菌和原生动物。在每个阶段，微生物利用废物和阶段产物作为食物和能量的来源，这种过程一直进行到稳定的腐殖质形成为止，如图5-4所示。

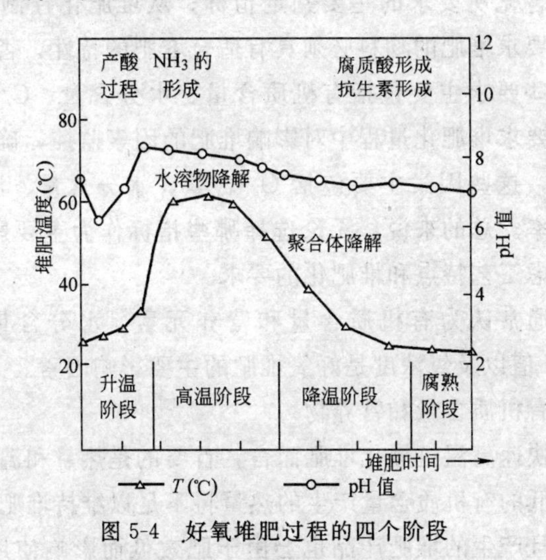

图5-4 好氧堆肥过程的四个阶段

5.4 好氧堆肥的影响因素

垃圾体是一个固、液、气三相共存的复杂体系，在这一体系内，微生物为维持自身的活性不断地进行新陈代谢活动，垃圾体又是一个存在大量生化反应的体系。垃圾体的复杂性决定了影响堆肥化过程的因素是多种多样的，而这些因素既相互独立又相互影响，这就要求在分析堆肥化的影响因素时必须从主要的方面入手。

不同的处理要求导致确定的主要影响因素存在着一定程度的差别：从稳定化和无害化角度而言，城市生活垃圾堆肥处理的实质就是利用微生物的活性降解垃圾体内的有机物质，并最终使垃圾体达到生物稳定的要求，那么能反映微生物对有机质降解情况的因素就是主要的影响因素，这些因素主要包括有机质、水分含量、C/N、pH 值和耗氧速率。现代高温好氧堆肥工艺除了促进垃圾体的稳定化进程外，还要起到良好的无害化作用，因而温度就成了无害化所要求的主要判定指标；从堆肥化控制的角度而言，首先要求堆肥的物料必须具有适合堆肥的特性，否则要进行调节，这些要求主要包括有机质含量、水分含量、C/N 和孔隙率。其次要求堆肥化过程中对影响堆肥的因素监控，确保适宜的变化程度，这些因素主要包括 O_2 含量、水分含量、温度、pH 值和孔隙率。总的来说，无论选择哪些指标作为主要影响因素，都应该考虑工艺特点和堆肥化的要求。

现在通常认为有机质含量和营养元素、水分含量、温度、C/N、pH 值以及氧浓度是好氧堆肥的主要影响因素。

(1) 有机质含量和营养物

对于快速高温机械化堆肥而言，首要的是热量和温度间的平衡问题。低的有机质含量产生的热量将不足以维持堆肥所需要的温度，并且产生的堆肥产品也会由于肥效低而影响使用。但是，过高的有机物含量又将给通风供氧带来影响，从而可能产生厌氧发酵和臭气。

堆肥过程中，微生物所需要的大量养料有碳、磷、钾，所需要的微量元素有钙、铜、锰、镁等元素。值得注意的是，即使含有这两类营养物的物质在堆肥原料中大量存在，也不一定都是微生物能够吸收利用的物质。例如，塑料、橡胶等是不可生物降解的物质，木质素、纤维素对大多数微生物而言是不能利用的，即这些物质难以被微生物降解。

(2) 水分含量

在堆肥过程中，由于微生物只能摄取生命活动必需的溶解性养料，所以水分含量是好氧堆肥的关键因素。但水分含量过高，水就会充满物料颗粒间的孔隙，使空气含量急剧下降，堆肥将由好氧向厌氧转化，温度也迅速下降，结果是形成发臭的中间产物(硫化氢、硫醇、氨等气体)，并因硫化物而导致物料发黑。水分含量过低，堆体内微生物生命活动受到抑制甚至停止。

好氧堆肥过程中由于高温和强制通风作用，随着热量散失和气体的排放，堆体通常会损失掉一部分水分。因此，实际上堆肥过程中水分含量的变化是呈下降趋势的。在具体操作过程中，需要根据实际情况调节堆体水分含量，保证堆肥物料呈“糊状”，以提高生化反应速率。

(3) 温度

对堆肥而言，温度是堆肥得以顺利进行的重要因素，也是堆肥生化活动量的表征量。堆肥过程中，微生物群在发生不断变化，温度的作用主要是影响微生物的生长。堆肥开始时，堆体温度一般与环境温度一致，经过中温菌 1～2d 的作用，堆肥温度便能达到高温菌活动的理想温度 50～65℃，在这样的高温下，一般堆肥只要 5～6d 就可以达到无害化要求。过低的温度将大大延长堆肥达到腐熟的时间，过高的温度（>70℃）将对堆肥微生物产生有害的影响。

堆肥作为一种生物反应系统，它与非生物反应系统有着本质上的区别。对于非生物系统而言，反应的速度直接与温度有关，温度越高，反应速度就越快。然而，靠酶促进的堆肥生物化学反应系统，则只在某些限度上依靠温度，限度以外的反应则是衰弱的。当温度超过限值时，温度越高，反应的衰退变得更加迅速。这种温度的宏观影响主要是由于不同种类微生物的生长对温度具有不同的要求。

实际上，温度的变化在很大程度上受到可利用氧量的限制，因而确定最佳的堆肥环境条件应该考虑好氧微生物赖以生存的有效通风量。

(4) C/N

就微生物对营养的需要而言，C/N是一个重要的因素。微生物对碳、氮的需要是有区别的：碳主要作为微生物的能源；氮主要消耗在细胞原生质的合成作用中。根据对微生物活动的平均计算结果，可以知道微生物每合成1份体质碳素，要利用约4份碳素作为能源。以细菌为例，其生物体内的C/N为(4～5)∶1，而合成这样的体质细胞还需要16～20份碳素来提供合成作用的能量，因而细菌生长繁殖所需的最佳C/N是(20～25)∶1。相应地，真菌生物体内的C/N约为10∶1，故其需要的最佳C/N为(25～30)∶1。因此，堆肥过程的最佳C/N通常被定为(25～35)∶1。由于微生物生命活动所需的碳素比氮素多，因此，从理论上讲，C/N应该随堆肥化进程而有所下降。

C/N过高，碳素多，氮素相对缺乏，堆体内微生物的生命活动受到限制，有机物的分解速度就慢，发酵过程延长，并容易导致成品堆肥中的C/N过高，这样的堆肥产品施入土壤后，将夺取土壤中的氮素，使土壤陷入“氮饥饿”状态，影响作物生长。C/N过低，可供消耗的碳素少，氮素养分相对过剩，氮将转变成为氨态氮而挥发，导致氮元素大量损失而降低堆肥产品的肥效。

(5) pH值

pH值也是影响微生物生长的重要因素之一。一般，微生物生长繁殖最适宜的pH值是中性或弱碱性。pH值太高或太低都会使堆肥处理遇到困难。pH值是一个能对微生物环境作出估价的参数，在整个堆肥过程中，pH值随着时间和温度的变化而变化，因此pH值也是揭示堆肥分解过程的一个极好标志。

堆肥开始时，物料pH值一般在7左右。由于有机酸的产生，pH值下降，然后上升至8～8.5左右，如果堆体呈厌氧状态，则pH值将继续下降。堆肥过程中如果没有特殊情况，一般不必调节pH值，因为堆肥物料自身具有较好的pH缓冲作用，而且微生物也可以在较大的pH值范围内生长繁殖。

(6) 氧浓度

从理论上讲，好氧堆肥过程中，需氧量取决于碳被氧化的量，但由于堆肥过程中有机物的分解具有不确定性，难以根据堆肥物料中的碳含量变化精确确定需氧量。目前，研究人员往往通过测定堆层中氧浓度和耗氧速率来了解堆层生物过程和需氧量，进而控制通气量。

在好氧堆肥的通风供氧过程中，不同的反应器系统和不同的通风控制系统所要求的堆体内的氧浓度（以体积百分含量计）控制情况不同，如对于强制通风静态垛堆肥而言，采用时间控制的通风方式要求堆体内氧浓度在5%～15%，而对于密闭反应器系统而言，采用氧含量控制的通风方式要求堆体内氧浓度在15%～20%。因此，确定好氧堆肥过程中堆体内的最低或最高氧浓度要根据实际情况而定。

5.5 垃圾堆肥工艺及参数

传统的堆肥化技术采用厌氧的野外堆积法，这种方法占地大、时间长。现代化的堆肥生产一般采用好氧堆肥工艺，它通常由前处理、主发酵（一次发酵）、后发酵（二次发酵）、后处理及贮藏等工艺组成。

典型的垃圾好氧堆肥工艺流程（含分选流程）如图5-5所示。

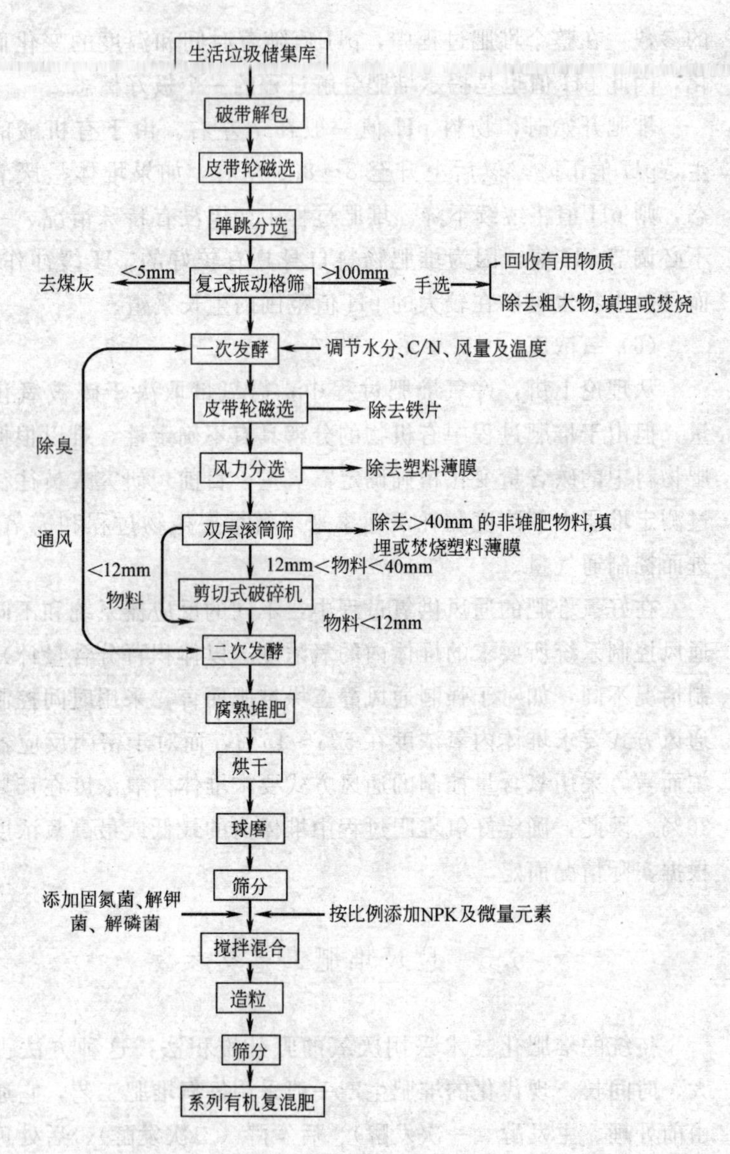

图 5-5　垃圾堆肥化综合处理工艺流程框图

(1) 前处理

在以家畜粪尿、污泥等为堆肥原料时，前处理的主要任务是调整水分和C/N，或者添加菌种和酶。但是以城市生活垃圾为堆肥原料时，由于垃圾中含有大块的和非堆肥物质，因此应设置破碎和分选前处理工艺。通过破碎和分选，去除非堆肥物质，调整垃圾的粒径。

1）去除非堆肥物质的理由

①如不去除，会使发酵仓容积增大；

②传送装置或翻堆搅拌装置可能会被纤维、绳子缠卷或被竹子、金属等绞入而影响操作；

③非堆肥物质妨碍发酵过程；

④非堆肥物质虽然也可以在后处理工序中去除，但垃圾中的干电池等物质里所含的重金属一旦混入堆肥原料，就不能在后处理工序时选出，而混入到成品堆肥中。

2）调整粒径的理由　通过破碎可使原料水分一定程度上均匀化，同时破碎使原料比表面积增大，微生物侵蚀的速度就加快，可提高发酵速度。从理论上讲，粒径越小越容易分解，但是，考虑到增加物料的表面积的同时，还必须注意保证物料有一定的空隙率，便于通风，使物料能够获得充足的氧气。一般适宜的粒径范围是2～60mm，最佳粒径随垃圾的物理特性变化而变化，如果堆肥物质结构坚固，不易挤压，则粒径应小些，否则，粒径应大些。此外，决定垃圾粒径大小时，还应从经济方面考虑，因为破碎得越细小，动力消耗就越大，处理垃圾的费用就会增加。

（2）主发酵

主发酵可在露天或发酵装置内进行，通过翻堆或强制通风向堆积层或发酵装置内供给氧气。在露天堆肥或发酵装置内堆肥时，由于原料和土壤中存在的微生物作用而开始发酵。首先是易分解的物质分解，产生二氧化碳和水，同时产生热量，使堆温上升，这些微生物吸取有机物的碳氮营养成分。在细菌自身繁殖的同时，将细胞中吸收的物质分解而产生热量。

发酵初期物质的分解发酵作用是靠中温菌（30～40℃是最适宜的生长温度）进行的，随着堆温的上升，最适宜温度45～60℃的高温菌取代了中温菌。在此温度下，各种病原菌均可被杀死。一般将温度升高到开始降低为止的阶段称为主发酵阶段，以生活垃圾为主体的城市垃圾及家畜粪尿好氧堆肥，主发酵期约为3～10d。

（3）后发酵

经过主发酵的半成品被送到后发酵工序，将主发酵工序尚未分解的易分解有机物和较难分解的有机物进一步分解，使之变成腐殖酸、氨基酸等比较稳定的有机物，得到完全成熟的堆肥制品。一般把物料堆积到1～2m高，进行后发酵，并要有防止雨水流入的装置。有的场合还需要翻堆和通风，通常不进行通风，而是每周进行一次翻堆。

发酵时间的长短，取决于堆肥的使用情况。例如，堆肥用于温床（能够利用堆肥的分解热）时，可在主发酵后直接使用；对几个月不种作物的土地，大部分可以不进行后发酵而直接施用堆肥；对一直在种作物的土地，则需要使堆肥进行到不能发生夺取土壤氮的程度，后发酵时间通常在20～30d。

（4）后处理

经过两次发酵后的物料中，几乎所有的有机物都变得细碎和变形，数量减少了。然而，城市生活垃圾堆肥时，分选工序没有去除的塑料、玻璃、陶瓷、金属、小石块等物依然存在。因此，还需要经过一道分选工序，去除杂物，并根据需要进行再破碎（如生产精制堆肥）。

（5）脱臭

部分堆肥工艺和堆肥物在堆制过程和结束后，会产生臭味，必须进行脱臭处理。去除臭气的方法主要有化学除臭剂除臭，碱水和水溶液过滤，熟堆肥或活性炭、沸石等吸附剂过滤。在露天堆肥时，可在堆肥表面覆盖熟堆肥，以防止臭气逸散。较为多用的除臭装置是堆肥过滤器，当臭气通过该装置，臭气成分被堆肥（熟化后的）吸附，进而被其中好氧微生物分解而脱臭，也可用特种土壤代替堆肥使用，这种过滤器叫土壤脱臭过滤器。

（6）贮藏

堆肥一般在春秋两季使用，在夏冬就必须积存，所以要建立贮存六个月的生产量的设备。可直接存放在发酵池中或袋装，但必须干燥透气，闭气和受潮会影响制品的质量。

5.6　垃圾堆肥设备的选配

垃圾堆肥的质量及生产效率在很大程度上决定于堆肥处理工艺的完善，而完善的处理工艺在很大程度上依赖于机械设备的合理设计和选配，为此，应该根据垃圾的组分及性状、处理规模、场地条件、经济条件以及堆肥的市场需求等情况，选择符合工艺要求的专用和通用成套机械设备。

5.6.1　设备选型

由于我国现阶段城市垃圾收集方式大多是混合收集方式，垃圾组分的构成极为复杂，无机物含量较高，可用于堆肥的物质含量较低，因此，在堆肥之前必须进行预处理，如预先进行破碎、分选，然后再进行发酵，然后进行后处理或深加工，作为有成套设备的垃圾堆肥厂（场），必须全面考虑垃圾的进料、供料设备、预处理设备、一次发酵和二次发酵设备、后处理设备以及产品深加工设备。

（1）供料进料设备

主要设备有计量设备和装运设备，其中计量设备用于原始垃圾和堆肥产品的称重，主要有自动计量装置、地磅称等；物料运输机械用于垃圾的装卸和运输，主要有装载机、起重机、抓斗、平板给料机、皮带运输机等。

(2) 预处理设备

预处理设备主要由破碎机及各类分选设备组成，可先破碎后分选，或先分选后再破碎，再分选。其中：破碎机械用于原始垃圾或分选后物料的破碎，主要有垃圾破碎机、撕碎机等。分选机械用于发酵前垃圾物料的分选，主要有筛分机、重力分选机、磁选机、有色金属分选机等，预分选设备及其主要分选物，如图 5-6 所示。

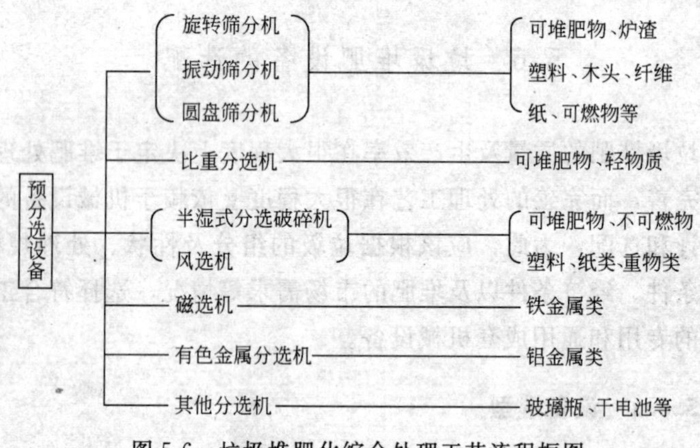

图 5-6 垃圾堆肥化综合处理工艺流程框图

(3) 调节混合设备

用于堆肥物料与污水、污泥、粪便等高含氮物质的混合搅拌，主要设备有圆盘给料机、混合搅拌机、混合滚筒机等。

(4) 发酵设备

包括一次发酵设备和二次发酵设备，整个工艺过程包括通风、参数控制、堆肥腐熟等方面。其中：一次发酵设备用于堆肥物料的发酵，主要设备有滚筒式、塔式、箱式等。二次发酵设备用于一次发酵后的堆肥熟化，主要设备有翻堆机、通风机等。发酵装置分类如图 5-7 所示。

发酵设备是垃圾堆肥化重要的环节。

(5) 后处理设备

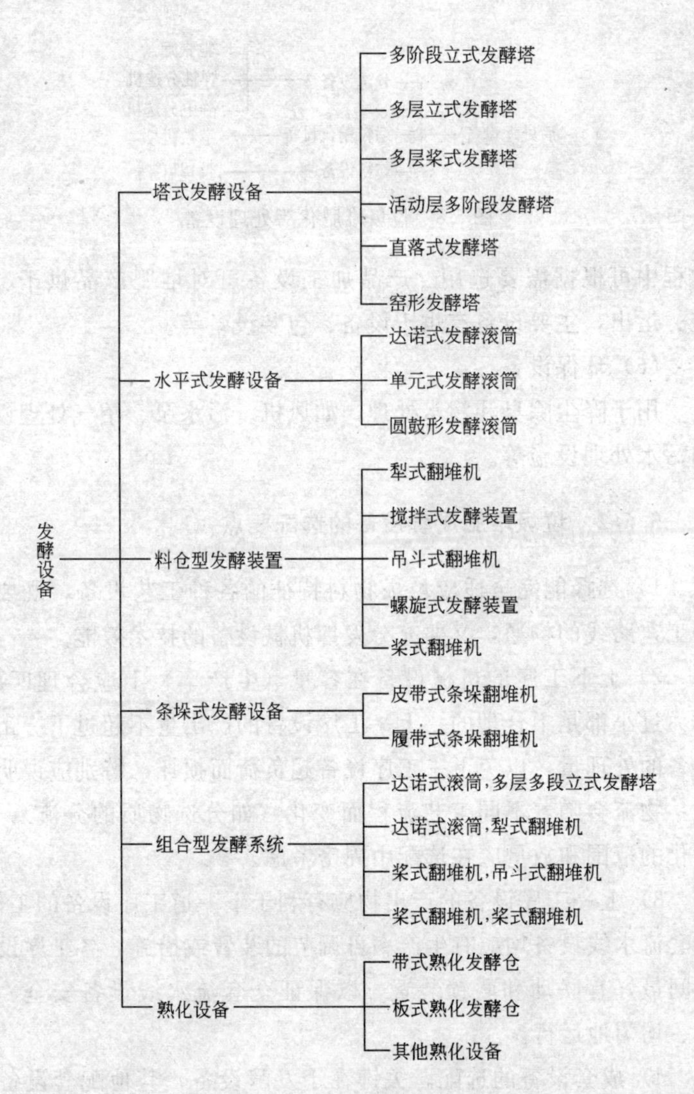

图 5-7 发酵装置分类

后处理设备是对堆肥产品的精制和包装，其分类如图 5-8 所示。其中精制是对堆肥作更细致的筛选，除去非肥分的杂质，主要设备包括分选、研磨、压实、打包、装袋等设备，在实际工艺

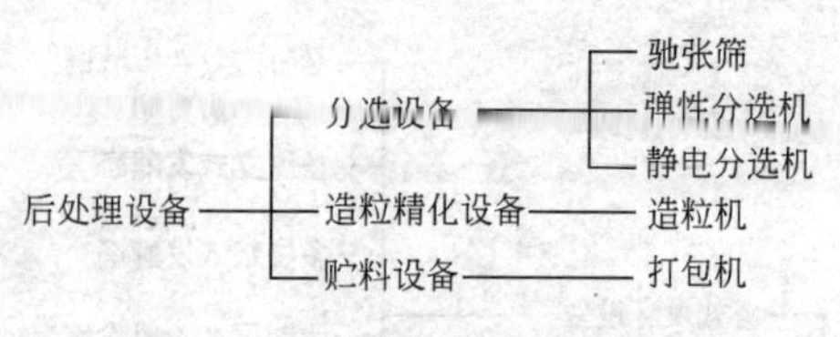

图 5-8　垃圾堆肥化后处理设备

过程中可根据需要选用。产品加工设备可对堆肥产品烘干、包装、运出，主要设备有烘干设备、包装设备等。

(6) 环保设备

用于降尘除臭和污水处理，如风机、污水泵、沼气处理设施和污水处理设施等。

5.6.2　垃圾堆肥成套设备的选配要点

1) 选择能完全适应垃圾物料特征的各种工艺设备，既要保证工艺路线的畅通，又要充分发挥机械设备的技术效能。

2) 上下工序的机械设备在容量（生产率）上应合理匹配，过大过小都是不合理的。上一工序设备的产出量不超过下一工序设备的处理量，以免下一工序设备超负荷而损坏，特别应说明的是：物流会随着不同工艺流程而变化（如分选物质的分流），其变化的范围和数量应在选配中周密考虑。

3) 上一工序设备的产出物应有利于下一道工序设备的工作，全套流水线设备均应有生产率可调节的装置或措施，各工序设备之间最好有联动和联锁装置，以保证全套流水线设备安全、连续、均匀地运行。

4) 成套设备的选配。关键在于发酵设备，其他配套设备或机械应以关键设备的技术参数为依据进行选配。由于环卫科学技术的发展以及产品的“三包”服务，环卫单位只要提供垃圾性质、数量、以及对垃圾堆肥的要求，设计单位就会根据实际情况，帮助选配最佳的全套堆肥设备。

5.7　堆肥发酵装置的选择与使用

5.7.1　堆肥发酵装置的种类

堆肥的方式主要分静态堆肥和连续堆肥（也称动态堆肥），静态堆肥主要为简易堆肥法和发酵仓式堆肥法；而连续堆肥需要各种发酵仓式装置。

堆肥发酵的装置种类繁多，主要区别在于结构形式及搅拌发酵物料装置的不同，大多数搅拌装置兼有运送物料的作用。

(1) 立式堆肥发酵塔

立式堆肥发酵塔如图5-9所示，通常由5～8层组成。由塔顶加入的堆肥物料进入塔内，在塔内通过不同形式的机械运动，堆肥物料由塔顶一层层地向塔底移动，通常经过5～8d的好氧发酵，堆肥物料即可由塔顶移至塔底完成一次发酵。立式堆肥发酵塔通常为密闭结构，塔式装置的供氧通常以风机强制通风，以满足微生物对氧的需要，塔内温度分布从上层到下层逐渐升高。

立仓式堆肥工艺的优点是：占地很少，升温快，垃圾物料分

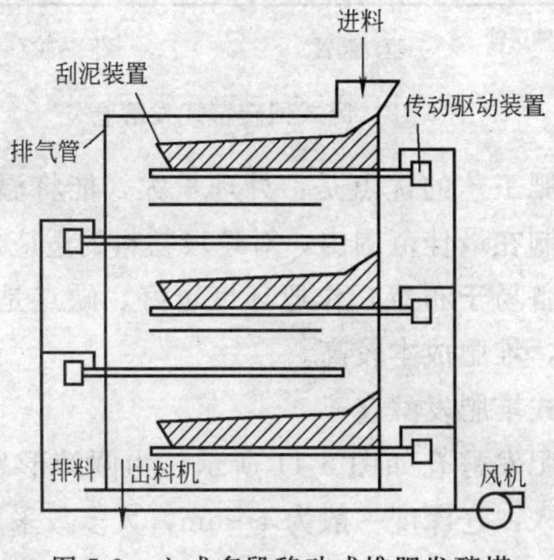

图5-9　立式多段移动式堆肥发酵塔

解彻底，使用机械也少，运行费用较低。缺点是：对垃圾物料的分选、破碎要求较高，仓内有时会起拱不下料，垂直方向的水分分布不均匀，往往上半部较干，下半部较湿，应采取一些措施。

（2）卧式回转窑式发酵仓

如图 5-10 所示，卧式回转窑式发酵仓又称达诺式（Danot）滚筒，该发酵装置主体设备是一个长 20～35m，直径 2～3.5m 的卧式滚筒。筒体为斜置，废物由稍高的一端加入，靠与筒体内表面的摩擦沿旋转方向提升，同时借助自身重力落下。通过如此反复升落，废物微生物的作用进行发酵，并在发酵过程中被不断搅拌，均匀地与供入的空气接触。此外，由于筒体斜置，当沿旋转方向提升的废物靠自重下落时，经发酵的物料逐渐向筒体出口一端移动排出。发酵物料的停留时间约为 2～5d，发酵过程中堆肥物的平均温度为 50～60℃，最高温度可达 70～80℃。

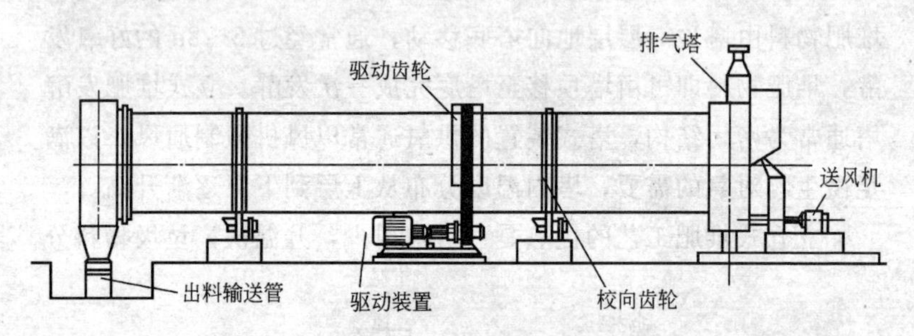

图 5-10 卧式回转窑式发酵仓

滚筒式堆肥工艺的优点是：处理量大，能将温度、供气量、水分等参数控制在最佳范围内，对垃圾物料的适应性强，堆肥发酵周期短，设备易于布置，作业环境也好。缺点是：设备庞大、复杂、投资大，堆肥成本较高。

（3）筒仓式堆肥发酵仓

筒仓式堆肥发酵仓如图 5-11 所示，为圆筒形发酵仓，堆肥原料由仓顶加入，仓深度一般为 4～5m，大多数采用钢筋混凝土筑成。发酵仓内供氧均采用高压离心风机强制供气，空气一般从

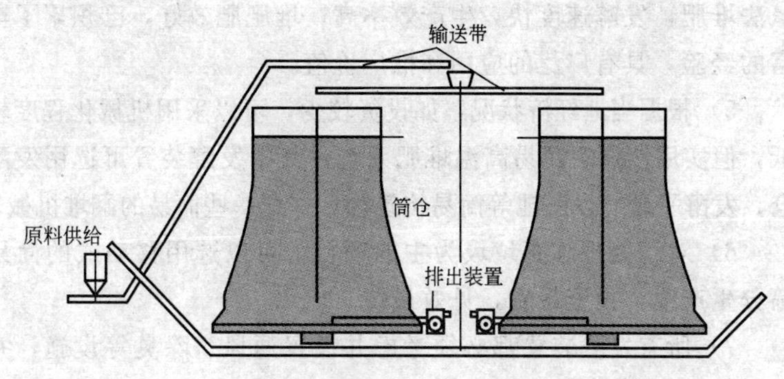

图 5-11 筒仓式堆肥发酵仓

仓底进入发酵仓。经预处理工序分选破碎的物料被输料机传送至仓顶中部，然后由布料机均匀地向池内布料，位于旋转层的螺旋钻以公转和自转来搅拌池内废物，防止形成沟槽。经过 6～12d 的好氧发酵，得到初步腐熟的堆肥产品从仓底通过出料机出料。两排发酵仓中间设出料皮带通道，出料时螺杆由两排仓的外侧向中间出料，通过两条皮带机送往中间处理，中间通道设排水口，对发酵仓内出料后渗出的水进行收集回用而使通道保持干燥，有利于出料皮带机的工作和养护。

5.7.2 发酵装置的选用原则和要求

1）大型的机械化垃圾堆肥处理必须纳入城市建设的总体规划，垃圾堆肥发酵不应产生二次污染。

2）垃圾堆肥发酵装置应适合国情、市情，力求达到投资省、能耗低、占地少，运行成本低。

3）发酵装置必须满足堆肥工艺要求。采用好氧堆肥法，缩短发酵周期，提高堆肥速度；采用机械化作业，提高堆肥生产率；采用流水作业线，形成连续不断的生产规模。

4）优先选用国产装置。目前，我国武汉、无锡、杭州、上海、北京等机械化堆肥技术及其发酵和处理设备已达到较高的水平，大都采用立式发酵装置，投资省、动力费用低，并都采用好氧法堆肥，发酵速度快，生产效率高，堆肥肥效好，已积累了丰富的经验，具有广泛的应用和推广价值。

5）根据当地经济状况，如投资较少，可以采用机械化程度较低，但实用性强的简易高温堆肥系统，其中发酵装置可选用发酵仓、发酵平台、发酵池等简易构筑物，并配一些简易的翻堆机械。

6）对于处理陈腐垃圾为主的项目，可以选用移动式的简易筛分生产线，投资最省，见效最快。

7）所有发酵装置都必须考虑并设置通风、除臭等设施，并配备必要的翻堆机械。专用翻堆机械的生产效率高，翻堆效果好，应优先选用。

5.8 好氧堆肥腐熟的判据

腐熟度指标（maturity indices）是国际上公认的衡量堆肥反应进行程度的一个概念性参数，即判定堆肥过程已经完成的标准是腐熟度。腐熟度作为衡量堆肥产品的质量指标早就被提出，它的基本含义是：

1）通过微生物的作用，堆肥产品要达到稳定化、无害化；

2）堆肥产品的使用不影响作物的生长和土壤耕作能力。

（1）挥发性物质（VM）

挥发性物质指有机质或全碳。堆肥过程是利用微生物分解和转化原料中的不稳定有机质。挥发性固体代表着堆肥中可被微生物利用的总能量，影响着堆肥过程的温度变化。挥发性物质作为物料中有机物含量的粗度量依据已被广泛采用，在堆肥进行过程中定时测定它的含量可以作为衡量堆肥腐熟度的参数。

挥发性物质的测试方法简单、迅速，但监测的专一性、灵敏性和准确性较差，这是因为：①一般堆肥中存在易分解腐殖质、不易分解和不可分解的有机物，堆肥过程的完成与前两者有关，与第三者无关，但反映在挥发性固体变化中的却是三种物质的总和，这就大大影响结果的准确性；②堆肥原料的挥发性物质变化范围较广，一般在 6%～20%，因此无法确定一个相对或绝对的衡量标准，这一参数及指标的使用难以具有普遍意义。在使用这一指标时，一般参照美国科罗拉多州简况标准局的要求：挥发性固体经堆肥后必须降解 38%以上，产品总挥发性固体含量应低于 65%。

（2）化学耗氧量（COD，即用化学氧化剂氧化固体有机物时所需的氧量）

堆肥中好氧微生物分解有机物的结果导致固体有机物的化学需氧量不断下降，因而，COD 可以作为衡量堆肥过程完成程度的一个标志。像挥发性物质 VM 一样，COD 也是一个集合性质的参数，在用于作为堆肥腐熟度指示标准上，COD 的局限并不在于其测定的复杂，而在于 COD 和微生物可作用物质间缺乏足够明确的关系；同时，在城市生活垃圾等堆肥中，由于大量无机碳的存在，其变化不可能在堆肥过程中产生一个 COD 的定量指标。陈世和曾对生活垃圾中微生物不能分解的含碳物质的 COD 进行了研究，其结果为 COD＝60～110mg/g。

（3）生化需氧量（BOD，即固体有机废物经微生物分解所需的氧量）

与在 COD 检测中的情况不同，BOD 所反映的是微生物可作用的物质，因此，BOD 数据与堆肥可腐殖的物质相对应。随堆腐过程进行，BOD 不断降低。有试验证明，当物料中 BOD_5 少于 50～55g/kg 固体时，堆体温度达不到 60℃。在最初的堆肥高温期，BOD 降低很快。用机械化设备生产的堆肥产品，其 BOD 一般为 20～40g/kg。但是，原料成分对于 BOD 的影响很大。有些固体废弃物原始 BOD 值就较低，使得这一参数与挥发性固体相类似，对于不同原料的指标无法统一。另外，BOD 检测一般都应用于水样的测定，对固体样品的测定则很困难，因为固体样本的精确稀释很困难，而且测定需要较长的反应时间（一般为

5d)，在实际应用上有困难，不能及时反馈检测结果，影响实际操作过程的控制。

（4）淀粉

淀粉是堆肥原料中典型的易降解有机质，易被微生物利用。陈世和的垃圾堆肥试验中，堆腐进行至第10天时，淀粉含量从最初的2.7%降低到0.06%，到第12天，淀粉基本消失。他们认为，完全腐熟的、稳定的堆肥产品，以检不出淀粉为基本条件。在城市生活垃圾中，淀粉组分在2%～6%之间。由于淀粉物分色光学的发展，淀粉的消失可以用一个点状定性检测器来标定。要强调的是在已腐熟的堆肥中，检测的结果应该是零。由于淀粉点状检测器使用简单，以淀粉检测作为现场应用的完成检测指标有一定的吸引力。缺点是：在堆肥物料中淀粉的存在并不多，被检测的也只是物料中可腐烂部分中的一部分。因此，要提高淀粉检测作为堆肥腐熟度的标志的应用价值，需要更多的实际使用，并积累大量的数据。

（5）纤维素

纤维素是城市固体垃圾和污泥的主要组分。陈世和等对垃圾堆肥的研究结果指出：高温阶段纤维素的降解占总降解率的63.5%～88.5%。Keller在污泥与垃圾的堆肥试验中，发现纤维素从最初占有机质的34%下降至9%～11%，并认为纤维素是腐熟度评价的适宜指标。

虽然纤维素检测可以用作堆肥产品质量的检测，但由于纤维素在堆肥过程中有机质的降解和表征堆肥腐熟度方面起不到迅速准确的作用，而且对纤维素的测定工作也是十分繁杂，因此，在实际工作中应用的可能性不大。

（6）碳氮比（C/N）

碳源是微生物利用的能源，氮源是微生物的营养物质。在堆肥过程中，碳源被消耗，转化成为CO_2和腐殖质物质，而氮则主要以氨气的形式散失，或变为硝酸盐和亚硝酸盐，或是由生物体同化吸收。因此，碳和氮的变化是堆肥的基本特征之一。

1）C/N（固相） C/N是最常用于评价堆肥腐熟度的参数，理论上C/N值在腐熟的堆肥产品中如腐殖质（HS）一样约为10，也有一些研究者认为，腐熟的堆肥理论上应趋向于微生物菌体的C/N，即16左右。Goluke指出腐熟的堆肥C/N值小于20，但许多堆肥原料的C/N值较低，如污泥、农用废弃物等，此时，C/N就不适宜作为腐熟度参数。

2）水溶性成分参数 Chanyasak等指出堆肥反应是微生物对堆肥原料中有机物的生物化学转化过程，代谢发生在水溶相，检测堆肥样品水萃取成分的变化可找出合适的堆肥腐熟度参数。他们对垃圾、污泥、畜牧业废物、纤维素类等12种不同配比的堆料进行了堆肥试验，认为“水溶性有机碳/水溶性有机氮（$C_{O(w)}/N_{O(w)}$）”在5～6时可以认为堆肥已经成熟。这种比值仅适用于城市垃圾堆肥过程，但对某些堆料，特别是以污泥为原料的堆肥，$C_{O(w)}/N_{O(w)}$小于5～6，用该值作为标准就不合适。另外，腐熟样品中水相的有机氮的浓度相当低，检测比较困难。

总之，C/N可作为腐熟度的标准，但应用上还有困难。一方面是C、N测试上的困难，另一方面C/N作为腐熟度的标准，还研究得不够充分。目前只能这样认为：为了使堆肥产品具有更好的肥效，一般要求其C/N（固相）在10∶1～20∶1之间。

与堆肥有机物含量变化有关的腐熟度标准还有许多，如凝胶色谱法（通过测定堆肥产品中的高分子、低分子物质，如果不存在低分子物质，则认为堆肥腐熟）、氮素实验法、废物的生物逆降分解法（BDM）、低级脂肪取法、堆肥产品的氧化还原电位法等。这些方法各有自身的特点和局限。

5.9 改进堆肥工艺、提高堆肥品质

虽然施用垃圾堆肥可改良土壤，促进植物生产，但由于垃圾

本身成分的原因，也会对环境带来潜在的影响，另外特别是由于堆肥肥效低，生产、运输和施用成本高，经济效益差，制约了堆肥的应用和发展。但是作为一种废物处理、资源回收的方式，不能以经济效益作为衡量的惟一标准，但要让其成为有前途的垃圾处理方式，改进堆肥工艺，提高堆肥品质是今后发展的主要方向。

(1) 加强堆肥现代工艺的研究

堆肥历史悠久，技术工艺方式很多，不同工艺方式的处理成本、处理效果和堆肥质量均有所不同。传统厌氧堆肥是利用厌氧微生物完成分解反应，空气与堆肥相隔绝，温度低，工艺比较简单，堆制周期太长，异味浓烈，产品中混杂有分解不充分的物质。现代化堆肥工艺基本上都是通过强制通风，进行好氧堆肥，这是因为好氧堆肥具有温度高、能有效杀死病原菌，基质分解比较彻底，堆制周期短，异味小，可以大规模采用机械处理等优点。但机械化处理程度越高，成本也会增加。上海、南宁等城市的垃圾场采用该工艺生产堆肥产品，应用于城市绿化、郊区果树及农作物，都取得了良好的环境和经济效益。随着垃圾处理技术的发展，还应加强动态堆肥工艺和堆肥二次污染的防治措施等研究工作。

(2) 加强垃圾分类收集，改进分选设备

堆肥是针对垃圾中有机成分的处理技术，垃圾中的石块、金属、玻璃等废弃物不仅影响堆肥发酵过程，还影响堆肥品质，这些物质必须被分选出来，另行处理。目前我国城市生活垃圾一般采取混合收集方式，虽然经过居民、拾荒者、环卫工人等多重拾捡，垃圾中的纸张、塑料等大大减少，但垃圾中还是含有一些难降解物质，如金属、废电池、废灯管等。目前在堆肥过程中通常都是采用机械结合人工分选的方式，机械分选方法主要有筛选、风力分选、磁选等。由于垃圾成分十分复杂，经常造成分选设备出现故障。因此，在改进分选设备的同时，采取有效的措施在我国推行城市生活垃圾分类收集对于节约堆肥成本、提高堆肥品质是十分必要的。

加强微生物的筛选和培育工作，缩短堆肥腐熟周期。堆肥主要是利用微生物降解有机物，微生物是堆肥过程的主体。堆肥中微生物的种类和数量对堆肥发酵时间、肥效都产生重要影响。堆肥中微生物来源主要有两个方面，一方面来自堆肥物料本身，另一方面是通过对特殊的微生物进行驯化和培养并接种到堆肥中，这些菌种具有活性强、繁殖快、分解有机物迅速等特点，能够加速堆肥反应的进程，缩短堆肥反应时间，有利于减少投资和占地。例如：筛选自生固氮菌和纤维素分解菌进行混合培养，两种菌在混合培养的情况下能相互作用，相互依存，菌数增加，可以加速生活垃圾的降解，提高垃圾中的含氮量，且堆肥中由于含有大量具有生物活性的固氮菌和纤维素分解菌，可作为生物活性有机肥料。

对堆肥进行深加工，发展复合肥经过两次发酵处理的堆肥为粗堆肥，可施用于农田、蔬菜、园林等，也可作为堆肥精处理原料。初级堆肥产品由于肥效低、品质差，直接使用正在逐渐减少。堆肥精处理就是把粗堆肥经过烘干、硬物料清除、粉碎等措施后，根据需要添加适当的化肥和微量元素，制成不同植物需要的复合肥，使其达到肥效高、体积小、运输方便、使用简单的目的。将有益微生物接种到堆肥中，制成各种高效颗粒生物肥也是堆肥今后发展的主要方向。由于目前使用的固氮、解磷、解钾等微生物均为常温菌，不能经历高温发酵阶段，因此可以通过制备菌液混入堆肥成品中，或将有益微生物接种至温度较低的二次发酵粗堆肥中，制备高效复合生物肥；另一方面我国农作物面积大，中低产田比例高，农业的持续稳定发展需要这种含较高有机质的肥料。从这两方面来看，如果政府能够提供一定的政策性补贴，积极进行扶持和引导，堆肥今后在我国还是有很大的市场空间的。

第6章 垃圾焚烧

焚烧法一般是指将垃圾作为固体燃料投入焚烧炉中，在高温条件下，垃圾中的可燃成分与空气中的氧进行剧烈化学反应，放出热量，转化成高温烟气和性质稳定的固体残渣。烟气中的热能可回收利用，而性质较稳定的残渣可直接填埋。一般，垃圾焚烧后，其体积可减少85%～95%，质量减少70%～80%；高温焚烧还能消除垃圾中的病原体和有害物质，焚烧排出的气体和残渣中的一些有害副产物的处理远比对有害废弃物进行直接处置容易得多。焚烧法还具有处理周期短、占地面积小、选址灵活等特点，焚烧处理能有效地做到废弃物综合利用，回收能源和资源。因此，焚烧法能以最快的速度实现垃圾处理的无害化、减量化和资源化。其缺点是焚烧法对垃圾的热值有一定要求，且一次性投资大，运行费用高，管理水平和设备维修要求较高；焚烧产生的废气若处理不当，很容易对环境造成二次污染。

6.1 垃圾焚烧的国内外应用现状

6.1.1 国外焚烧处理技术发展状况

早在1870年，世界上第一台垃圾焚烧炉就在英国投入运行。但因当时的垃圾水分与灰分均很大，热值很低，因此该焚烧炉的运行状况不良，不久即停止运行。1895年，德国汉堡建成了世界上首座固体废弃物发电厂；1905年又在美国纽约建成了第一座城市垃圾和煤混烧的发电厂。自此以后，美国在焚烧处理废弃物方面得到迅速发展，焚烧处理废弃物的比重逐年增加。目前，美国已有1500余台焚烧设备，最大的垃圾发电厂日处理垃圾4000t，发电容量65MW。

1965年联邦德国垃圾焚烧炉只有7台，年处理垃圾71.8万t，可供总人口4.1%的居民用电。至1985年焚烧炉已增至46台，年处理垃圾800万t以上，占垃圾总量的30%，可供总人口34%的居民用电。1995年德国垃圾焚烧炉达56台，受益人口的比率已达到50%。

法国共有300余台垃圾焚烧炉，可处理40%的城市垃圾。巴黎有四家垃圾焚烧厂，年处理量达170万t，占全市垃圾总量的90%，回收的能量相当于20万t石油，供蒸汽量占巴黎市供热总量的1/3。此外，日本、意大利等国家也都建造了上百座垃圾焚烧厂。

6.1.2　国内焚烧处理技术发展状况

我国现代化大规模城市生活垃圾焚烧处理始于1980年，当时，深圳市为改善投资环境，于1984年开始筹建国内第一座大型生活垃圾焚烧处理设施——深圳市市政环卫综合处理厂，于1988年11月投产。一期工程建有两台垃圾处理量为150t/d的焚烧炉（1、2号炉）和一套500kW饱和蒸气汽轮发电机组。1996年该厂又投运了一台垃圾焚烧处理量也为150t/d的焚烧炉（3号炉）和一套3000kW过热蒸汽汽轮发电机组。1992年珠海市垃圾发电厂开始筹建三台垃圾处理量200t/d的生活垃圾焚烧炉和一套6000kW的发电机组，其中垃圾焚烧炉炉排由美国底特律公司提供，其余设备由无锡锅炉厂设计制造，现已投运。同时，垃圾处理量1000t/d的上海浦东垃圾焚烧厂和江桥垃圾焚烧厂先后开始建设，其中前者已在2001年投运，其垃圾焚烧炉采用的是Babcock技术；后者正在建设中。此外，北京、广州等地也均在建设可以实现资源化利用的大型现代化生活垃圾焚烧处理厂。

6.1.3 国内现有焚烧技术的主要问题

从我国现有焚烧技术的运行情况来看，我国焚烧技术的发展主要存在以下几方面的问题。

1）从国外引进的焚烧炉，由于各焚烧系统的设计思想主要以垃圾经过焚烧处理后充分达到无害化、减量化和资源化为主要目标，对系统的经济性、简易性、垃圾成分的波动性和恶化等情况考虑还不够充分，使得这些焚烧处理技术存在着炉体初期设备投资较高、关键高温部件使用寿命较短、维修不够方便等问题。

2）从国外引进技术在国内生产制造的焚烧炉，由于炉排和焚烧炉自控系统必须使用国外产品，价格居高不下，日处理每吨垃圾投资在40～70万元之间，差不多是其他处理方法的5～10倍，是我国目前大多数城市经济承受能力所不能接受的。

3）虽然我国部分城市（镇）和地区的垃圾热值总体已可满足焚烧的要求，但垃圾中的可燃物主要是厨余类垃圾，塑料、废纸等高热值垃圾的含量较小，与国外相比垃圾热值仍然较低。由于厨余类垃圾含量及其含水量的季节性波动大，导致垃圾热值季节性的变幅较大和垃圾的含水量较高，且垃圾中灰分也占较大比例。国内外垃圾特性的差异使得国外较为先进的焚烧炉只有经过改进才能适应我国的垃圾，如深圳焚烧厂在2年后才基本能够投入正常生产运行，当焚烧处理垃圾时为维持焚烧炉温，可能仍需外加燃料，如燃煤或喷油等，使运行费用偏高，且燃烧工况也不稳定。

4）虽然国内研究开发出的焚烧炉种类很多，但单炉处理容量不大、总体技术水平一般较低。例如，焚烧炉膛优化设计欠缺考虑，一些焚烧系统没有设置二燃室进行强化烟气燃烧，焚烧炉后续焚烧尾气处理系统比较简单，燃烧过程的控制系统薄弱等。其中一些类型适宜焚烧处理我国垃圾，但由于焚烧温度较低，多数只能达到500～700℃，焚烧烟气中含有大量有机物，气体燃烧不完全，对大气环境造成的污染不容忽视。这些低技术水平、低成本的焚烧炉对我国的焚烧市场有较大干扰，损害了垃圾焚烧的社会形象，不利于加强环境保护和环保产业的健康发展。

5）一些中小焚烧炉没有废热回收装置或回收的热量难以应用，造成了大量热能的浪费，同时也增大了尾气处理设备的负荷，增加了冷却气体所需的水量，提高了运行成本，也没有实现垃圾处理的资源化。

6.2 焚烧原理

6.2.1 燃烧

通常把具有强烈放热反应、有基态和电子激发的自由基出现并伴有光辐射的化学反应现象称为燃烧。燃烧可以产生火焰，而火焰又能在合适的可燃介质中自行传播。火焰能否自行传播，是区分燃烧和其他化学反应的特征。其他化学反应都只局限在反应开始的那个局部地方进行，而燃烧反应的火焰一旦出现，就会不断向四周传播，直到能够反应的整个系统完全反应完毕为止。燃烧过程，伴随着化学反应、流动、传热和传质等化学过程及物理过程，这些过程是相互影响，相互制约的。因此，燃烧过程是个极为复杂的综合过程。

6.2.2 着火与熄火

着火是燃料与氧化剂由缓慢放热反应，发展到由量变到质变的临界现象。从无反应到稳定的强烈反应状态的过渡过程即为着火过程；相反，从强烈的放热反应到无反应状况的过渡就是熄火过程。

工业应用的燃烧设备，尽管它们的特点和要求不同，但他们的启动过程有共同的要求，即要求启动迅速、能可靠地点燃燃料并形成正常的燃烧工况。当燃烧工况一旦建立后，要求在工作条件改变时火焰保持稳定而不熄火。

影响燃料着火和熄火的因素很多，例如燃料性质、燃料与氧化剂的成分、过量空气系数、环境压力及温度、气流速度、燃烧室尺寸等，这些因素可分为两类，即化学反应动力学因素和流体力学因素，或叫化学因素和物理因素。着火和熄火过程就是这两类因素相互作用的结果。

在日常生活和工业应用中，最常见的燃料着火方式为化学自燃、热自燃和强迫点燃。工程上所用的点火方法常为强迫点燃，这就是用炙热物体、电火花及热气流等使可燃混合物着火。强迫点燃过程可设想成一炙热物体向气体散热，在边界层中可燃混合物由于温度较高而进行化学反应，反应产生的热量又使气体温度不断升高而着火。

6.2.3 着火条件和着火温度

如果在一定的初始条件或边界条件下，由于化学反应的剧烈加速，使反应系统在整个瞬间或空间的某部分达到高温反应态（即燃烧态），那么，实现这个过渡的初始条件或边界条件便称为“着火条件”。着火条件不是一个简单的初温条件，而是化学动力参数和流体力学参数的综合函数。

容器内单位体积混合器在单位时间内反应放出的热量，简称放热速度。单位时间内单位体积的混合气向外界环境散发的热量，简称散热速度。着火的本质问题取决于放热速度和散热速度的相互作用及其随温度增长的速度。放热速率与温度成指数曲线关系，而散热速率与温度成线性关系。

6.2.4 热值

生活垃圾的热值是指单位质量的生活垃圾燃烧释放出来的热

量，以 kJ/kg 计。

要使生活垃圾维持燃烧，就要求其燃烧释放出来的热量足以提供加热垃圾到达燃烧温度所需要的热量和发生燃烧反应所必需的活化能。否则，便要添加辅助燃料才能维持燃烧。

热值有两种表示法，高位热值和低位热值。高位热值是指化合物在一定温度下反应达到最终产物的焓的变化。低位热值与高位热值的意义相同，只是产物的状态不同，前者水呈液态，后者水呈气态，所以两者之差，就是水的汽化潜热。关于高位热值和低位热值的计算见第一章中论述。

6.3 垃圾焚烧过程

垃圾的燃烧过程比较复杂，通常由热分解、熔融、蒸发和化学反应等传热、传质过程所组成。一般根据不同可燃物质的种类，有三种不同的燃烧方式：①蒸发燃烧，垃圾受热溶化成液体，继而成为蒸汽，与空气扩散混合而燃烧，蜡的燃烧属于这一类；②分解燃烧，垃圾受热后可先分解，轻的碳氢化合物挥发，留下固定碳及惰性物，挥发分与空气扩散混合而燃烧，固定碳的表面与空气接触进行表面燃烧，木材和纸的燃烧属这一类；③表面燃烧，如木炭、焦炭等固体受热后不发生融化、蒸发和分解等过程，而是在固体表面与空气进行燃烧。

生活垃圾中含有多种有机成分，其燃烧过程是蒸发燃烧、分解燃烧和表面燃烧的综合过程。生活垃圾的含水率高于其他固体燃料，为了更好地认识生活垃圾的焚烧过程，我们在这里将其依次分为干燥、热分解和燃烧三个过程。在垃圾的实际焚烧过程中，这三个阶段并没有明显的界限，只不过在总体上有时间上的先后差别而已。

(1) 干燥

生活垃圾的干燥是利用热能使水分汽化，并排出生成的水蒸气的过程。按照热量传递的方式，可将干燥分为传导干燥、对流干燥和辐射干燥三种方式。生活垃圾的含水率较高，在送入焚烧炉前其含水率一般为30%～40%，甚至更高。因此，干燥过程中需要消耗较多的热能。如果生活垃圾的水分过高，会导致炉温降低太大，着火燃烧就困难，此时需要添加辅助燃料，以提高炉温，改善干燥着火条件。

（2）热分解

生活垃圾的热分解是垃圾中多种有机可燃物在高温作用下分解或聚合的化学反应过程，反应的产物包括各种烃类、固定碳及不完全燃烧物等。生活垃圾中的可燃固体物质通常由C、H、O、Cl、N、S等元素组成。这些物质的热分解过程包括多种反应，这些反应可能是吸热的，也可能是放热的。

（3）燃烧

生活垃圾的燃烧是在氧气存在的条件下有机物质的快速、高温氧化。生活垃圾的实际焚烧过程是十分复杂的，经过干燥和热分解后，产生许多不同种类的气、固态可燃物，这些物质有空气混合，达到着火所需的必要条件时就会形成火焰而燃烧。因此，生活垃圾的焚烧是气相燃烧和非均相燃烧的混合过程，它比气态燃料和液相燃料的燃烧过程更为复杂。同时，生活垃圾的燃烧还可以分为完全燃烧和不完全燃烧。最终产物为二氧化碳和水的燃烧为完全燃烧；当反应产物为CO或其他可燃物（由氧气不足、温度较低等引起）时，则称之为不完全燃烧。燃烧过程中要尽量避免不完全燃烧现象。

6.4 影响焚烧的主要因素

在理想状态下，生活垃圾进入焚烧炉后，依次经过干燥、热分解和燃烧三个阶段，其中的有机可燃物在高温条件下完全燃烧，生成二氧化碳气体，并释放热量。但是，在实际的燃烧过程中，由于焚烧炉内的操作条件不能达到理想状态，致使燃烧不完全。严重的情况下将会产生大量的黑烟，并且从焚烧炉排出的炉渣中含有有机可燃物。生活垃圾焚烧的影响因素包括：生活垃圾的性质、停留时间、温度、湍流度、空气过量系数及其他因素。其中停留时间（Time）、温度（Temperature）及湍流度（Turbulence）称为“3T”要素，是反映焚烧炉性能的主要指标。

（1）生活垃圾的性质

生活垃圾的热值和组成成分是影响生活垃圾的主要因素。热值越高，燃烧过程越易进行，焚烧效果也就越好。生活垃圾组成成分的尺寸越小，单位质量或体积生活垃圾的比表面积越大，生活垃圾与周围的氧气接触面积也就越大，焚烧过程中的传热及传质效果越好，燃烧越完全；反之，传质及传热效果较差，易发生不完全焚烧。因此，在生活垃圾送入焚烧炉之前，对其进行破碎预处理，可增加其比表面积，改善焚烧效果。

（2）停留时间

停留时间有两方面的含义：其一是生活垃圾在焚烧炉内的停留时间，它是指生活垃圾从进炉开始到焚烧结束从炉中排出所需要的时间；其二是生活垃圾焚烧烟气在炉内的停留时间，它是指生活垃圾焚烧产生的烟气从生活垃圾层逸出到排出焚烧炉所需要的时间。实际操作过程中，生活垃圾在炉中的停留时间必须大于理论上干燥、热分解及燃烧所需的总时间。同时，焚烧烟气在炉中的停留时间应保证烟气中气态可燃物达到完全燃烧。在其他条件保持不变时，停留时间越长，焚烧效果越好，但停留时间过长会使焚烧炉的处理量较少，经济上不合理；停留时间过短会引起过度的不完全燃烧。所以，停留时间的长短应由具体情况来定。

（3）温度

由于焚烧炉的体积较大，炉内的温度分布是不均匀的，不同部位的温度不同。这里所说的焚烧温度是指生活垃圾焚烧所能达到的最高温度，该值越大，焚烧效果越好。一般来说位于生活垃圾层上方并靠近燃烧火焰的区域的温度最高，可达 800～1000℃。生活垃圾的热值越高，可达到的焚烧温度越高，越有利于生活垃圾的焚烧。同时，温度和停留时间是一对相关因子，在较高的焚烧温度下适当缩短停留时间，亦可维持较好的焚烧效果。

(4) 湍流度

湍流度是表征生活垃圾与空气混合程度的指标。湍流度越大，生活垃圾和空气的混合程度越好，有机可燃物能及时充分获得燃烧所需要的氧气，燃烧反应越完全。湍流度受多种因素影响。当焚烧炉一定时，加大空气供给量，可提高湍流度，改善传质和传热效果，有利于焚烧。

(5) 过量空气系数

按照可燃成分和化学计量方程，与燃烧单位质量垃圾所需氧气量相当的空气量称为理论空气量。为了保证垃圾完全燃烧，通常要供给比理论空气量更多的空气量，即实际空气量，实际空气量与理论空气量的比值为过量空气系数，亦称过量空气率或空气比。

过量空气系数对垃圾燃烧状况影响很大，供给适当的过量空气是有机物完全燃烧的必要条件。增大过量空气系数，不但可以提供过量的氧气，而且可以增加炉内的湍流度，有利于燃烧。但过大的过量空气系数可能使炉内的温度降低，给焚烧带来副作用，而且还会增加输送空气及预热所需要的能量。实际空气量过低将会使垃圾燃烧不完全，继而给焚烧厂带来一系列的不良后果。

(6) 其他因素

影响生活垃圾焚烧的其他因素包括生活垃圾在炉内的运动方式及生活垃圾层的高度等。对炉中的生活垃圾进行翻转、搅拌，可以使生活垃圾与空气充分混合，改善条件。炉中生活垃圾层的厚度必须适当，厚度太大，在同等条件下可能导致不完全燃烧，厚度太小又会减少焚烧炉的处理量。

综上所述，在生活垃圾焚烧过程中，应在可能的条件下合理控制各种影响因素，使其综合效应向着有利于生活垃圾完全燃烧的方向发展。但同时应该认识到，这些影响因素不是孤立的，它们之间存在着相互依赖、相互制约的关系，某种因素产生的正效应可能会导致另一种因素的负效应，所以应从综合效应来考虑整个燃烧过程的因素控制。

6.5 生活垃圾焚烧工艺

6.5.1 概述

生活垃圾焚烧厂的系统构成在不同的国家、不同的研究机构有不同的划分方法，或者由于垃圾焚烧厂的规模不同而具有不同的系统构成。但现代化的生活垃圾焚烧厂的基本内容大体相同，其一般的工艺流程框图见图6-1。

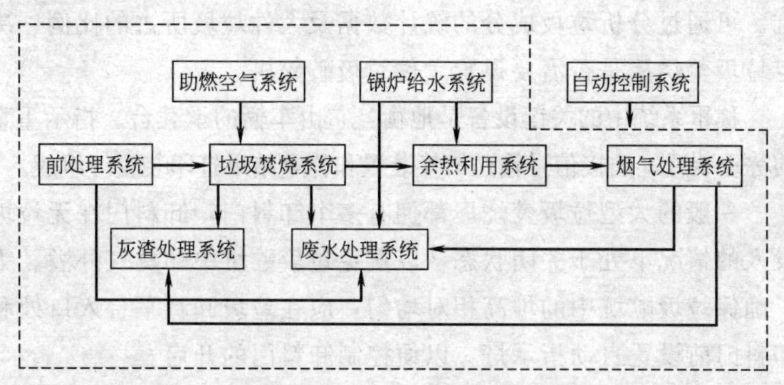

图6-1　垃圾焚烧厂的一般工艺流程框图

焚烧厂的工艺流程可描述为：前处理系统中的垃圾与助燃空气系统所提供的一次和二次助燃空气在垃圾焚烧炉中混合燃烧，燃烧所产生的热能被余热锅炉加以回收利用，经过降温后的烟气送入烟气处理系统处理后，经烟囱排入大气；垃圾焚烧产生的炉渣经炉渣处理系统后送往填埋场或作为其他用途，烟气处理系统所收集的飞灰做专门处理；各系统产生的废水送往废水处理系统，处理后的废水可排入河流等公共水域或加以再利用；现代化的垃圾焚烧厂的整个过程都可由自动控制系统加以控制。

工艺流程中各系统详述如下：

1. 前处理系统

垃圾焚烧厂前处理系统也可称为垃圾接收与贮存系统，其一般的工艺流程，如图 6-2 所示。

垃圾进场 → 地衡 → 卸料平台 → 垃圾贮坑

图 6-2　垃圾前处理系统一般工艺流程

生活垃圾由垃圾运输车运入垃圾焚烧厂，经过地衡称重后进入垃圾卸料平台（也可称为倾卸平台），按控制系统指定的卸料门将垃圾倒入垃圾贮坑。

在此系统中，如果没有大件的垃圾破碎机，可用吊车将大件垃圾抓入破碎机中进行处理，处理后的大件垃圾重新倒入垃圾贮坑。可通过分析垃圾成分的统计数据及大件垃圾所占的比例，决定垃圾焚烧厂是否需要设置大件垃圾破碎机。

称重系统中的关键设备是地衡，它由车辆的承载台、指示重量的称重装置、连接信号输送转换装置和称重结果打印装置等组成。

一般的大型垃圾焚烧厂都拥有多个卸料门，卸料门在无垃圾投入的情况下处于关闭状态，以避免垃圾贮坑中的臭气外溢。为了确保垃圾贮坑中的堆高相对均匀，应在垃圾卸料平台入口处和卸料门前设置自动指示灯，以便控制卸料门的开启。

垃圾贮坑的容积设计以能贮存 3～5 天垃圾焚烧量为宜。贮存的目的是将原生垃圾在贮坑中脱水；吊车抓斗在贮坑中对垃圾进行搅拌，使垃圾组分均匀；在搅拌的过程中也会脱去部分泥沙。这些措施都可以改善燃烧状况，提高燃烧效率。

2. 垃圾焚烧系统

垃圾焚烧系统是垃圾焚烧厂中最为关键的系统，垃圾焚烧炉提供了垃圾燃烧的场所和空间，它的结构和形式将直接影响到垃圾的燃烧状况和效果。

垃圾焚烧系统的一般工艺流程如图 6-3 所示：

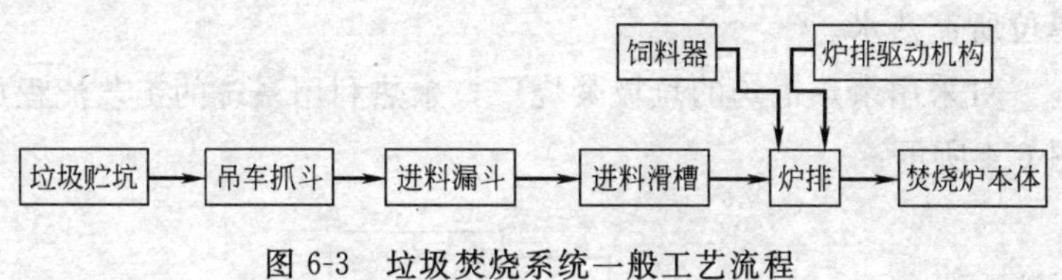

图 6-3 垃圾焚烧系统一般工艺流程

实际上，垃圾焚烧系统和前处理系统、余热利用系统、助燃空气系统、烟气处理系统、灰渣处理系统、废水处理系统、自控系统等密切相关，这里将它们分开只是为了讨论和分析方便。

吊车抓斗从垃圾贮坑中抓起垃圾，送入进料漏斗，漏斗中的垃圾沿进料滑槽落下，由饲料器将垃圾推入炉排余热段，机械炉排在驱动机构的作用下使垃圾依次通过燃烧段和后燃烬段，燃烧后的炉渣落入炉渣贮坑。

饲料器和炉排可采用机械或液压驱动方式，其中因液压驱动方式操作稳定、可靠性好等优点而应用广泛。

3. 余热利用系统

从垃圾焚烧炉中排出的高温烟气必须经过冷却后方能排放，降低烟气温度可采用喷水冷却或设置余热锅炉的方式。

余热利用是在垃圾焚烧炉的炉膛和烟道中布置换热面，以吸收垃圾焚烧所产生的热量，从而达到回收能量的目的。在没有设置余热锅炉而采用喷水冷却方式的系统中，余热没有得到利用，喷水的目的仅仅是为了降低排烟温度。一般来讲，将烟气余热用来加热助燃空气或加热水是最简单和普遍可行的方法。而且随着垃圾焚烧炉容量的增加，目前越来越普遍采用余热锅炉方式回收余热。现行建设的大型垃圾焚烧厂都毫无例外地采用了余热锅炉和汽轮发电设备。

设置余热锅炉的余热利用系统，其回收能量的方式有很多种：利用余热锅炉所产生的蒸汽驱动气轮发电机发电，以产生高品位的电能，这种方式在现代化垃圾焚烧厂应用最广；提供给蒸汽需求单位及本厂所需的一定压力和温度的蒸汽；提供热水需求单位所需热水。

对采用余热锅炉的垃圾焚烧厂，余热利用系统的工艺流程如图 6-4 所示：

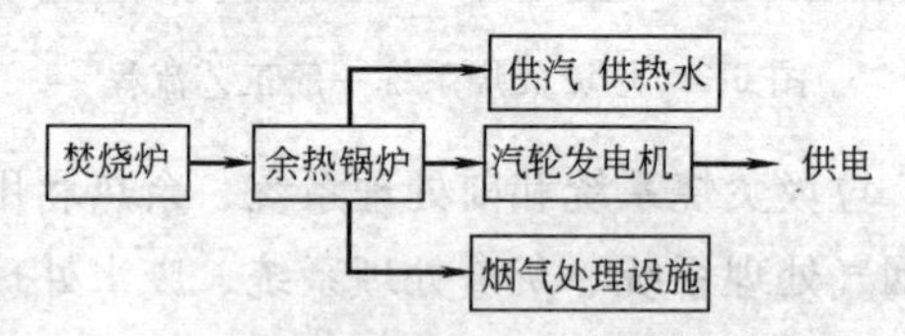

图 6-4 余热（采用余热锅炉）利用系统的工艺流程

垃圾焚烧发电的热效率一般只有 20%左右，如何提高垃圾焚烧厂的热效率已引起普遍的关注。近年来，部分垃圾焚烧厂采用热电联供热系统，将发电后的蒸汽或一部分抽气向厂外进行区域性供热，以提高垃圾焚烧厂的热效率。但是，当进行大规模区域供热时，由于区域的热能需求随时间、季节的变化而变化很大，而垃圾焚烧炉的运行不能适应这样大的变化，因此，垃圾焚烧炉的供热一般只能提供用户一部分的热量需求。

4. 烟气处理系统

烟气处理系统主要是去除烟气中的固体颗粒、硫氧化物、氮氧化物、氯化氢等有害物质，以达到烟气排放标准，减少环境污染。

各国、各地区都有不同的烟气排放标准，相应垃圾焚烧厂也有不同的烟气处理系统。烟气处理系统一般有下列三种设备组合：

半干式反应塔——袋式除尘器——催化脱硝设备；

袋式除尘器——催化脱硝设备——湿式反应塔；

半干式反应塔——水幕除尘器。

前两种设备组合为目前各国垃圾焚烧厂通常采用的烟气处理系统，后一种设备组合可供烟气排放标准较低的地区，在建设小型垃圾焚烧厂时选用参考。

近年来，二恶英污染引起了世界各国人民的普遍关注，而垃圾焚烧厂又是产生二恶英的主要来源之一，由于目前对其形成机理还没有统一的共识，因此仅通过控制焚烧参数来抑制二恶英的生成，其效果很难确定。

5. 灰渣处理系统

灰渣处理系统一般有以下三种工艺途径：

炉渣——湿式法——炉渣贮坑；

炉渣——半湿式法——炉渣贮坑；

飞灰——贮灰斗——固化装置。

从垃圾焚烧炉出渣口排出的炉渣具有相当高的温度，必须进行降温。湿式法就是将炉渣直接送入装有水的炉渣冷却装置中进行降温，然后再用炉渣输送机将其送入炉渣贮坑中。

来自静电除尘器或袋式除尘器的灰渣成为飞灰，通常情况下，飞灰应与从垃圾焚烧炉出口排出的灰渣分别进行处理，这是由于飞灰中重金属的含量较炉渣中多。按照标准建议送往危险废物填埋场进行安全填埋，但目前国内大部分工程飞灰通常在固化后即送往填埋场进行卫生填埋。

过去垃圾焚烧炉渣作为一般废弃物，可以在垃圾填埋场进行填埋处理。随着环保要求的愈加严格，炉渣中可能出现的重金属渗出也已成为不可忽视的问题，炉渣的固化和熔融法是目前解决这一问题的两种有效途径。国外正在积极开发新的炉渣处理方法。

6. 助燃空气系统

助燃空气系统是垃圾焚烧厂中的一个非常重要的部分，它为垃圾的正常燃烧提供了必要的氧气，它所供应的送风温度和风量直接影响到垃圾的燃烧是否充分，炉膛温度是否合理，烟气中的有害物质是否能够减少。

助燃空气系统的一般工艺流程如图 6-5 所示：

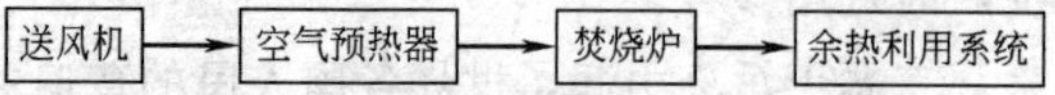

送风机 → 空气预热器 → 焚烧炉 → 余热利用系统

图 6-5 助燃空气系统的一般工艺流程

送风机包括一次送风机和二次送风机，通常情况下，一次送风机从垃圾贮坑上方抽取空气，通过空气预热器将其加热后，从炉排下方送入炉膛；二次助燃空气可从垃圾贮坑上方或厂房内抽取空气并经预热后，送入垃圾焚烧炉。燃烧所产生的烟气及过量空气经过余热利用系统回收能量后进入烟气处理系统，最后通过烟囱排入大气。

7. 废水处理系统

垃圾焚烧厂中的废水主要来源有：垃圾渗滤液、洗车废水、垃圾卸料平台地面清洗水、灰渣处理设备废水、锅炉排污水、洗烟废水等。不同废水中的有害成分的种类和含量各不相同，因此也应采取不同的处理方法，但这种做法过于复杂，也不现实。通常按照废水中所含有害物的种类将废水分为有机废水和无机废水，针对这两种废水采用不同的处理方法和处理流程。

在废水处理过程中，一部分废水经过处理后排入城市污水管网，还有一部分经过处理的废水则可加以利用。

对于灰渣冷却水和洗烟用水等重金属含量较高的废水，其废水处理流程应具有去除重金属的环节。

8. 自动控制系统

垃圾焚烧系统的自控化的范围大致可分为以下三个方面：

设施运行管理必须的数据处理自动化；

垃圾运输车及灰渣运输车的车辆管理自动化；

设备机器运行操作的自动化。

上述各种运行操作实现自动化后，为了实现最佳的运行状

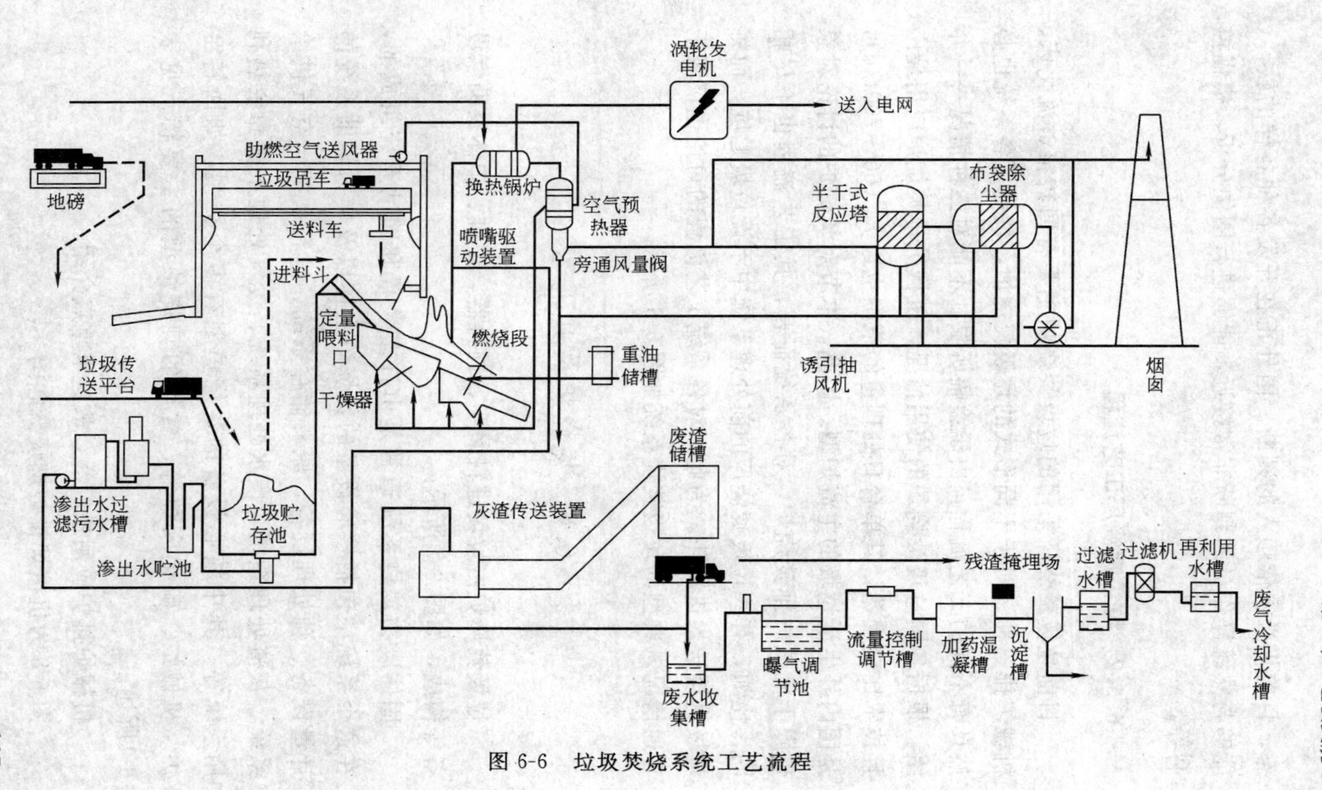

图 6-6　垃圾焚烧系统工艺流程

态，目前仍必须依赖人的判断。国外正在开发各种各样的软件，能够与熟练操作员的判断非常接近，能够进行图像分析，模糊控制等。

6.5.2 垃圾焚烧厂工艺流程

目前垃圾焚烧厂采用的垃圾焚烧炉主要有回转窑、流化床、机械炉排三种。对于不同形式的垃圾焚烧炉，焚烧厂各系统也必然具有不同的工艺流程，由于篇幅所限，不能对三种情况一一介绍。根据各国垃圾焚烧炉的使用情况，机械炉排焚烧炉应用最广且技术比较成熟，其单台日处理量的范围也最大（50～700t/d），是国内外生活垃圾的主流炉型。因此，本节对焚烧炉的讨论对象也限于机械炉排焚烧炉。对各系统而言，其工艺流程也不尽相同，比如，有些垃圾焚烧厂的前处理系统中不设垃圾贮坑，而将垃圾直接送入进料斗。为此，对各系统工艺流程的讨论也仅限于普通情况。典型的垃圾焚烧系统如图 6-6 所示。

6.6 焚烧炉及其工艺

垃圾焚烧炉由垃圾进料漏斗、饲料器、炉排、炉体及助燃设备等构成，如图 6-7 所示：

固体废物焚烧系统通常是由许多装置和辅助系统组成的，在这个系统中包括核心设备的焚烧炉主体以及作为辅助系统的计量设备、预处理设备、原料储存系统、进料系统、空气供给系统、灰渣处理系统、废水处理系统、废气处理系统和余热利用系统等。其中核心设备的焚烧炉型有多个类型，如回转窑炉、机械炉、硫化床炉等，常用的焚烧炉型的主要特点见表 6-1所述。

机械炉排炉应用最广泛，故这里重点介绍。

图 6-8 为机械炉排炉燃烧概念图。

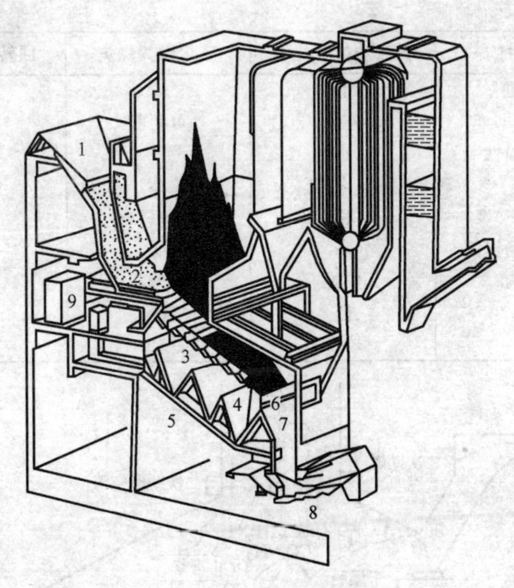

图 6-7 焚烧炉构造示意图

1—进料漏斗；2—饲料器；3—炉排；4—风箱；5—出灰管；6—落灰调节器；7—落灰管；8—出渣机；9—炉排控制盘

城市生活垃圾典型焚烧技术性能比较 **表 6-1**

项　目	机械炉排焚烧炉	硫化床焚烧炉	回转窑焚烧炉
炉排形式	机械炉排	无炉排	无炉排
燃烧空气压力	低	高	低
垃圾与空气接触	较好	好	较好
点火升温	较快	快	慢
二次燃烧室	不需要	不需要	需要
烟气中含尘量	低	高	较高
占地面积	大	小	中
垃圾破碎情况	不需要	需要	不需要
燃烧介质	不需热载体	需用石英砂作热载体	不需热载体
焚烧炉体积	较大	小	大
加料斗高度	高	较高	低
焚烧炉状态	静止	静止	旋转
残渣中未燃分	＜3%	＜1%	＜5%
操作运行	方便	不太方便	方便

续表

项　目	机械炉排焚烧炉	硫化床焚烧炉	回转窑焚烧炉
适应垃圾热值	低	低	高
运行方式	连续	可间断	连续
耐火材料磨损性	小	大	大
垃圾处理量	大	小	中
垃圾焚烧历史	长	短	较长
垃圾焚烧市场比例	高	低	低
主要传动机构	炉排	砂循环	炉体
运行费用	低	较高	低
检修工作量	较少	较少	少

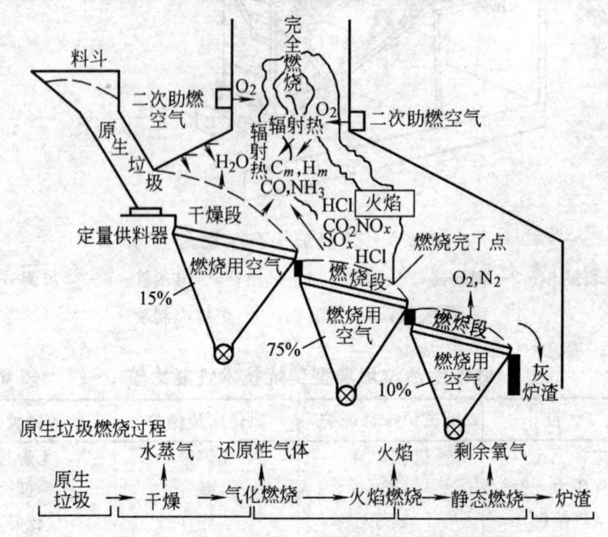

图 6-8　机械炉排炉燃烧概念图

机械炉排炉可大体分为三段：干燥段、燃烧段、燃烬段。各段的供应空气量和运行速度可以调节。

1）干燥段。垃圾的干燥段包括：炉内高温燃烧空气、炉侧壁以及炉顶的放射热的干燥；从炉排下部提供的高温空气的通气干燥；垃圾中部分垃圾的燃烧干燥。

利用炉壁和火焰的辐射热，垃圾从表面开始干燥，部分产生表面燃烧。干燥垃圾的着火温度一般为 200℃左右。如果提供

200℃以上的助燃空气，干燥的垃圾便会着火，燃烧便从这部分开始。垃圾在干燥段的停留时间约为30min。

2）燃烧段。这是燃烧的中心部分。在干燥段垃圾干燥、热分解产生还原性气体，在本段产生旺热的燃烧火焰，在后燃烧段进行静态燃烧（表面燃烧）。燃烧段和后燃烧段的界限成为“燃烧完了点”。即使是垃圾特性发生变化，也应通过调节炉排速度使燃烧完了点位置尽量不变。垃圾在燃烧段的滞留时间约为30min。总体燃烧空气的60%～80%在此供应。为了提高燃烧效果，均匀的供应垃圾、垃圾的搅拌混合和适当的空气分配（干燥段、燃烧段和燃烬段）等都极为重要。空气通过炉排进入炉内，所以空气容易从通风阻力小的部分流入炉内。但空气的流入过多部分会产生“烧穿”现象，易造成炉排的烧损并产生垃圾熔融结块。因此，设计炉排具有一定且均匀的风阻很重要。

3）燃烬段。将燃烧段送过来的固定碳素及燃烧炉渣中未燃尽部分完全燃烧。垃圾在燃烬段上滞留约1h。保证燃烬段上充分的滞留时间，可将炉渣的热灼减率降至1%～2%。

6.6.1　回转窑焚烧炉

回转窑焚烧炉通常包括废弃物接纳贮存、进料、炉体、废热回收和二次污染控制等部分。窑身为一微倾斜布置、低速回转的

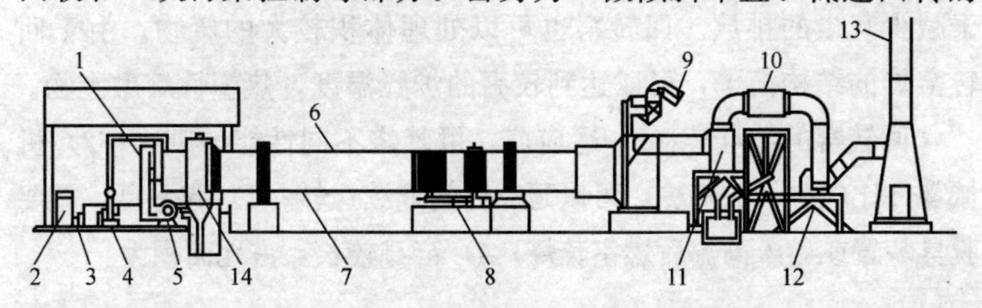

图6-9　回转窑式焚烧炉的构造示意图

1—燃烧喷嘴；2—重油贮槽；3—油泵；4—三次空气风机；5——次和二次风机；6—回转窑焚烧炉；7—取样口；8—驱动装置；9—投料传送带；10—除尘器；11—旋风分离机；12—排风机；13—烟囱；14—二次燃烧室

圆筒，垃圾从高端送入，在筒内翻转燃烧，直至燃烬从下端排山。其结构见图 6 0。

回转窑式焚烧炉有水冷壁式和耐火砖衬式两种。其中，前者有水冷壁沿回转筒周向排列，以吸收焚烧后放出的热量，降低筒体温度。筒体下部设置风室，空气由水冷管间进入，穿过底部料层，混合较均匀。

耐火砖衬式回转窑焚烧炉的筒内壁用耐火砖衬里，蓄热量大，燃烧温度高，但其空气由筒体一端送入，筒中心空气过剩，筒底部得不到应有的空气，同时因其筒体重、惯量大、转速低，因而垃圾的翻动和搅拌不充分，燃烧速度和效果不如水冷管式。

回转窑的热效率一般不高，由于焚烧物在炉床中燃烧，空气通过焚烧层，由炉床表面供给，导致燃烧速度小，产生不完全燃烧。并且由于其窑体要绕其轴线旋转，在窑体两端必须安装密封装置以防止空气的漏入，而在恶劣的操作条件下，很难做到完全密封，而使空气漏入，导致难以精确控制焚烧炉内氧气含量，如果漏风严重，局部会产生高浓度的灰尘烟雾，产生难以处理的二次污染。

在回转窑焚烧系统中，必须维持二次焚烧区具有较高的温度(1100～1300℃)，并且保证废物气体具有足够的停留时间，以满足在各种操作工况下所产生的废气被完全燃烧，二次燃烧室不利于减少灰尘的排放。回转窑也可以处理体积较大的废物。由于回转窑炉的结构简单，可以达到较高的炉膛温度，热塑性熔融废物。

回转窑的特点是：1）适应广，可焚烧不同性能的废物；2）机械零件比较少，故障少，可以延长时间连续运转；3）有恶臭，需要脱臭装置或导入高温后燃室焚烧；4）窑身较长，占地面积大。

6.6.2 机械炉

机械炉是在城市垃圾处理方面应用最广泛的一种炉型，美国经焚烧处理的城市垃圾的 70％采用这种设备，日本、德国也多有采用。这种炉型的主要特点是可以处理大批量的混合废物，而不需要在焚烧前对废物进行特殊处理。其结构主要包括加料系统、燃烧室（炉膛）、炉排、烟囱以及仪表自控系统等几个部分。

燃烧过程为储存在储槽的物料经加料斗进入炉膛后，在炉排上连续、缓慢地向下移动，通过与热风的对流传热和火焰及炉膛的辐射传热，完成干燥、点火、燃烧和后燃烧几个过程，到达炉排底端时，废物中的有机成分基本燃尽，通过排渣装置进入灰渣处理系统。下面主要介绍机械炉的炉排和炉膛。

1. 炉排（Grate）

炉排是由许多铸铁制成的炉条并列成行，由若干行组合成炉排，置于炉膛的下部。废物均匀在炉排上面燃烧，燃烧所需要的一部分空气自炉排下部通过炉条之间的缝隙进入燃烧的床层中。废物的燃烧过程主要是在炉排上完成的，它也是构成焚烧炉燃烧室的最关键部件。炉排的主要作用有：1）输送废物及灰渣通过炉膛；2）搅拌混合废物；3）使得从炉排下方进入的一次空气顺利通过燃烧室。

根据对废物移动的方式不同，炉排可分为固定炉排和移动炉排两大类。移动炉排不仅传送废物和残渣通过炉子，而且由于炉排不断运动（如摇动、振动、往复阶梯式运动），燃烧废物不断得到搅动，使炉排下方吹入的空气穿过燃烧层，促进燃烧的进行。但如果搅动过分，会使过多的颗粒随烟气带走，因此必须合理和恰当地选用和设计炉排。目前常用的炉排形式主要有以下四种（图 6-10）：

（1）往复式炉排

如图 6-10（*a*）所示，整个炉排由活动炉排和固定炉排相交错排列而成，固定炉排固定在托架上，活动炉排固定在活动托架上，通过可动炉排的往复运动搅拌废物，并向前推进，完成燃烧过程。

（2）滚筒式炉排

如图 6-10（*b*）所示，滚筒式炉排一般由 4～6 个滚筒组成，

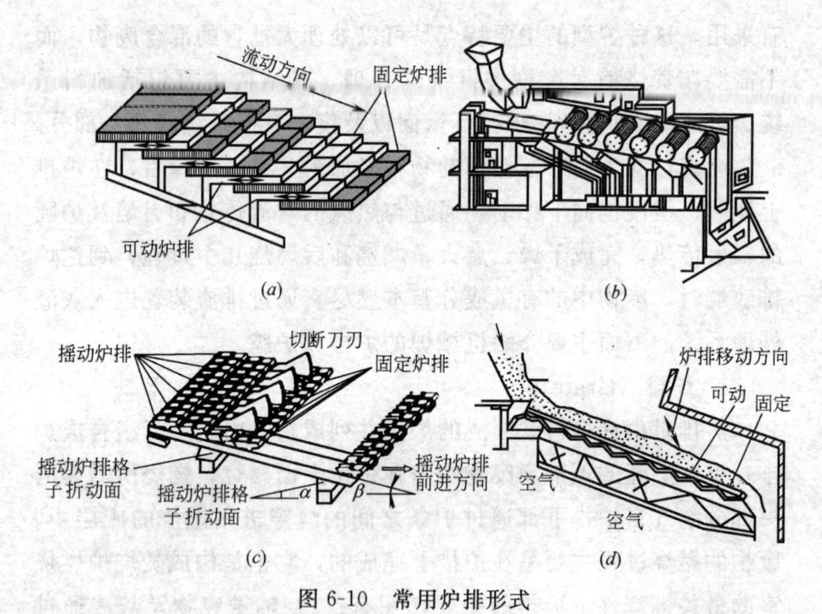

图 6-10　常用炉排形式

(*a*) 往复式炉排；(*b*) 滚筒式炉排；(*c*) 摇动式炉排；(*d*) 逆动式炉排

每个滚筒的直径在 1.5～2m 左右，它们相互接触平行排列，每个圆筒的轴线处于与水平面成一夹角的平面上，沿废物移动方向依次呈梯状排列，废物通过滚筒的转动向前推进，同时得到搅拌和混合。转筒圆周上布有通风口，用以配送一次风助燃。每个转筒由一个驱动器带动，圆筒旋转的方向与垃圾运动的方向一致，但每个转筒的转动速度均可调节。

(3) 摇动式炉排

如图 6-10 (*c*) 所示，具有在废物移动方向上倾斜的、表面呈阶梯状的可动和固定炉排，它们沿炉膛宽度方向交替排列，利用无极变速油压驱动装置，通过可动炉排的纵向往复运动搅拌和移送废物，助燃空气通过炉排上的开孔和炉排间进入燃烧层。这种炉排对废物的搅拌效果较好，作为干燥段和燃烧段应用广泛。

(4) 逆动式炉排

如图 6-10 (*d*) 所示，它是往复式炉排的一种变型产品，可动和固定炉排沿废物移动方向向下倾斜，可动炉排沿与废物移动方向相反的方向做逆向往复运动，废物在移动方向及其反方向上同时得到搅拌，搅拌效果比其他方式更佳。

2. 炉膛

炉膛室焚烧炉最重要的部分之一，废物与空气混合、燃烧、换热的好坏都与炉膛密切相关。焚烧炉的炉膛通常应设置成两个燃烧室（见图 6-11）。

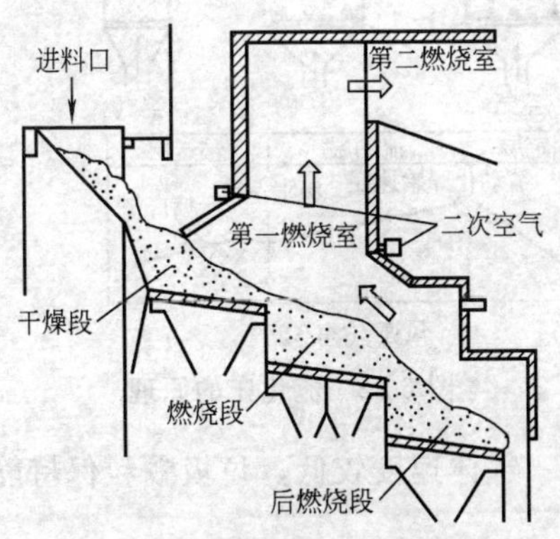

图 6-11 焚烧炉炉膛构造示意图

第一燃烧室主要完成固体物料的燃烧和挥发组分的火焰燃烧，废物在炉排上分成三大区段：前部为进行的干燥干馏等着火前的“准备区段”，中部为高温下进行氧化反应的“主燃烧段”，后部为逐渐燃尽并形成灰渣的“燃烬段”或称“后燃烬段”。第一燃烧室通常内衬耐火材料，以尽量减少散热损失，当废物热值较低或在低负荷下运行时，也可以保证炉膛内实现稳定、良好的燃烧。第二燃烧室的设计必须考虑完成烟气中未燃尽组分燃烧所需的空间，以及保证二次空气和烟气充分混合的形状。

6.6.3 流化床

流化床以前用来焚烧轻质木屑等，但是近年来开始用于焚烧污泥、煤和城市生活垃圾。其特点是适合于焚烧高水分的污泥类等。流化床焚烧炉的流动性的原理很重要（图 6-12）。根据风速和垃圾颗粒的运动而分为：固定层、沸腾流动层和循环流动层。

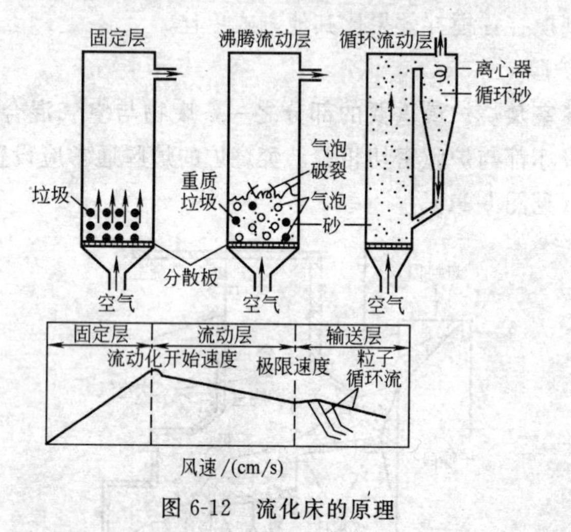

图 6-12 流化床的原理

(1) 固定层：气体速度较低，垃圾颗粒保持静态，气体从垃圾颗粒间通过。

(2) 沸腾流动层：气体速度超过流动临界点的状态，颗粒中产生气泡，颗粒被搅拌产生沸腾状态。

(3) 循环流动层：气体速度超过极限速度，气体和颗粒激烈碰撞混合，颗粒被气体带着飞散（如燃煤发电锅炉）。

流化床垃圾焚烧炉主要是沸腾流动层状态。流化床的优点在于因为将流动砂保持在一定的温度，所以便于每天启动和停炉，而现在的趋势是尽量保证焚烧炉的连续运行而没有必要每天停炉，这样便不能体现流化床的优点，因此新建的垃圾焚烧厂很少采用流化床焚烧炉了。

6.7 焚烧技术在我国城市垃圾处理的应用展望

发达大城市由于经济基础较好，基础设施比较完善，人民生活水平相对较高，垃圾的含能量较高。尤其是城市燃料气化率的逐年增加，不仅有利于削减生活垃圾总产量，而且降低了垃圾中煤渣的含量，提高了可燃成分的比例。我国直辖市和30多个省会城市平均民用燃料气化率已从1988年的39%增加到1995年的70%。垃圾中的有机物质一般由用煤气前的16%～32%剧增到38%～45%，使这些城市的垃圾热值明显提高，达到了相当高的水平。例如，在1994年，北京、上海和深圳的垃圾热值就已分别达到4350～6560kJ/kg，4166kJ/kg和5066kJ/kg，可以满足或接近满足垃圾焚烧的要求。

我国沿海地区，特别是南方沿海地区经济发展迅速，众多中小城镇产生的生活垃圾中混有许多乡镇企业产生的轻工业废物，如塑料、橡胶、皮革、布条等，致使垃圾热值较高。以珠江三角洲地区的南海市平洲区为例，该区现有制革厂、制鞋厂十几家，从业职工人数约2万人；玩具制造厂20余家，生产布料类、绒毛类等玩具，从业职工人数约515万人。这些工厂在生产过程中所产生的大量废皮革、废布头等工业垃圾一般进入城镇垃圾。南海市平洲区垃圾平均日产生量为215t，其中轻工业垃圾约占70%（废布料占47%，废皮革占23%），为有机纤维、天然动物皮革或人造皮革等，居民生活垃圾只占垃圾总产生量的30%。垃圾特性满足焚烧法处理所需的条件，即：热值≥3360kJ/kg，水分≤50%，灰分≤16%，可燃物含量≥22%。

内地中小城市与上述的两种城市相比，经济基础相对较差，基础设施也不够完备，因此城市垃圾的热值较低，属低热值、高灰分和高水分的类型。以马鞍山市为例，该市城市生活垃圾中有机组分的湿重百分含量仅为61.2%，垃圾低位热值只有2836 kJ/kg，含水率接近50%。这种类型的垃圾不经分选难以满足焚烧处理的基本条件。

我国城市垃圾的热值随着经济的发展和人民生活水平的提高，城市中使用燃气比例增加和商业、服务业的发展，将继续保持上升的趋势。根据表 6-2 的垃圾组成预期结果，3 类城市在 21 世纪初的低位热值将可分别达到 6262kJ/kg，5030kJ/kg 和 3390kJ/kg。发达和较发达城市 21 世纪初的垃圾热值可相当于深圳 20 世纪 90 年代初的水平（5000～5500kJ/kg），基本可达到焚烧处理的要求。而一般城市的混合垃圾焚烧仍存在能量不足的困难，在这些城市用焚烧法处理垃圾的需求越来越迫切的情况下，势必要求大力发展适合我国垃圾实际情况的焚烧工艺。

预期 21 世纪初我国城市垃圾的组成（%）　　表 6-2

	动植物垃圾	无机垃圾	可再利用废品	纸类	玻璃	金属	塑料	织物
发达城市	45～55	15～25	25～35	20～25	15～20	5～10	35～45	10～15
较发达城市	50～60	20～30	15～25	20～25	15～20	5～10	35～45	10～15
一般城市	45～55	35～45	5～15	20～25	15～20	5～10	35～45	10～15

第7章　小城镇垃圾管理、处理探讨

目前，我国垃圾处理行业尚处于起步阶段，许多大中城市的垃圾处理也才刚刚开始。从全国范围来看，只有少数小城镇开展了垃圾的处理，如东部比较发达的小城镇、国家重点流域（如三峡库区等），小城镇的垃圾收集与处理在多数地方还基本上是空白，垃圾基本是无序的管理，因此，造成城镇“夏天瓜皮路边扔，冬季塑料树上挂”的现象。

7.1　小城镇生活垃圾的特点

7.1.1　小城镇垃圾的产量

我国小城镇的经济发展水平相对要落后于大城市。因此，各地小城镇的人均生活垃圾产量相对要低于大中城市。三峡库区淹没城市人均生活垃圾产生量见表7-1。如表所示，库区淹没城市目前有常住人口约118.1万人，每日垃圾产生量约为1308t。每个城市人均日产垃圾量为0.8～1.3kg，总平均垃圾产量为1.1kg/d。但是伴随着城市化进程的加快，城市规模的扩大，城市生活水平的提高和我国当前“小城镇，大战略”的方针政策的实施，小城镇的垃圾产生量将会不断增加。

我国幅员辽阔，在不同地区人们生活水平和生活习俗差异性很大。因此，各地人均生活垃圾产生量存在很大差异。目前，人均生活垃圾产生量通常是经济发达地区高于经济落后地区，燃气普及率低的地区大于燃气普及率高的地区，而北方地区由于冬季

三峡库区淹没城市生活垃圾产生量　　表 7-1

城镇	秭归	巴东	巫山	奉节	云阳	万州	忠县	涪陵	丰都	长寿	开县	兴山	合计
人口(万人)	3.5	4.8	3.0	5.8	4.5	30	10	25	5	13	11.5	2	118.1
总产量(t/d)	40	40	37	60	46	400	100	300	60	100	100	25	1308
人均量(kg/d)	1.1	0.8	1.2	1.0	1.0	1.3	1.0	1.2	1.2	0.8	0.9	1.3	1.1

取暖的需要，人均生活垃圾的产生量也要相对高于南方地区。

7.1.2 小城镇垃圾成分

随着城市化的发展，小城镇建设得到了迅速发展，城镇人口迅速扩大，垃圾产生量越来越大。同时随着乡镇企业的发展，城镇居民的生活水平和生活方式逐步与城市靠近，因此城镇垃圾成分由原来的以煤灰为主逐步变成了以包装物和厨余垃圾为主，垃圾对环境的污染越来越严重。

表 7-2 为国内小城镇的代表，重庆市三峡库区垃圾的平均成分。

三峡库区垃圾成分（平均）　　表 7-2

项目	有机物(%)	无机物(%)	纸类(%)	塑类(%)	织物(%)	玻璃(%)	金属(%)	其他(%)	低位热值(kJ/kg)
秭归	21.01	59.24	2.10	7.30	0.60	4.0	0.2	1.5	3000
巴东	40.54	35.25	4.84	10.46	4.10	3.32	0.50	1.0	3325.3
巫山	22.7	63.72	4.2	6.7	1.1	0.6	0.3	0.6	3465.6
云阳	39.5	48.15	3.4	7.2	0.3	1.15	0.1	—	—
万州	28.2	50.3	2.9	8.2	4.0	4.2	0.3	1.9	—
忠县	69.9	35	3.5	5.1	0.4	0.7	0.3	1.0	—
开县	65.13	30.62	1.3	1.57	0.78	0.38	0.22	—	—
涪陵	53.3	27.4	0.9	8.0	0.9	1.9	0.2	7.1	—
长寿	34.4	45.9	7.8	7.7	2.1	1.4	—	—	4587.8

我国城市生活垃圾成分具有以厨余废物为主的可生物降解的有机物和以煤渣、煤灰为主的无机物过高的特点。同样，小城镇与大城市的生活垃圾构成也有十分明显的差别。在大城市，有机

物的成分占垃圾总量的30%～36%以上，无机成分约占50%～60%，废品约占5%；而小城镇由于居民消费水平及生活能源气化率都比较低，所以生活垃圾中有机成分占垃圾总量的比例没有大城市高，无机成分约占65%，而废品率更低。小城镇当前生活垃圾的低位热值在3300kJ/kg左右。

同时，我国各地小城镇生活垃圾构成差异也很大。

1）在北方地区，燃煤仍然是小城镇的主要生活能源，所以煤渣、灰土所占的比例非常大；

2）在南方沿海地区，经济发展迅速，许多中小城镇产生的生活垃圾混有大量的乡镇企业产生的轻工业废物，如塑料、橡胶、皮革、布条等，致使生活垃圾热值很高。

3）在内地的小城镇，由于经济基础相对较差，基础设施不够完善，因此城市生活垃圾的热值很低，属低热值、高灰分、高水分的类型。以安徽省马鞍山市为例，该市生活垃圾中有机物的湿重百分含量仅为61.2%，城市生活垃圾的低位热值只有2836kJ/kg。

7.2　小城镇垃圾处理的问题

目前我国小城镇垃圾收集、处理中遇到的主要问题有：

1）管理体系不完备。垃圾收集、储运系统缺少，需进一步加强环卫设施建设。为保证居民健康、改善城市环境卫生及城市容貌，“垃圾处理规划”应系统地将城区生活垃圾的管理、收集、运输和处理等各个环节有机地结合起来，逐步建立起高效完善的现代化城市生活垃圾管理体系。

2）垃圾处理技术落后。现有垃圾贮集场存在选址不当、大都属于简易垃圾填埋、易造成二次污染等问题，使得垃圾处理工程可行性差，经济效益、环境效益、社会效益均达不到预期目的。

7.3 小城镇垃圾的管理

7.3.1 垃圾管理机构

要使小城镇垃圾管理规范化，首先要建立正规的垃圾管理机构。目前，县级以上城镇的环境卫生管理机构基本上比较健全，县级以下的城镇，特别是经济相对落后地区的小城镇的环卫管理尚不够健全。因此建立健全小城镇环卫管理机构是目前急需解决的问题。

7.3.2 小城镇环境卫生规划

目前城市环卫规划各省均有大纲，并得到了较好的落实，但小城镇的环卫规划没有得到足够重视。小城镇之间缺乏协作，垃圾处理各自为政现象很普遍，村镇自建的小型垃圾堆放场和小型垃圾焚烧厂很多，对环境造成很大污染。因此，制定统一的环卫规划，建设区域性的垃圾处理设施对减轻小城镇的垃圾污染是非常必要的。

7.3.3 小城镇垃圾管理基本原则

根据我国小城镇生活垃圾产生量、成分等特点，考虑城市生活垃圾各种处理、处置方法的要求，确定我国小城镇生活垃圾的管理应遵循以下基本原则。

(1) 区域管理基本原则

在中小城市生活垃圾管理中，区域优化应受到广泛关注，这是因为：

1) 能达到规模经济效应要求。由于城市生活垃圾的各种处理方法——填埋、堆肥、焚烧和资源回收利用的设备费用、操作费用都具备规模效应条件，各种处理设备对于不同处理容量有着不同的单位处理费用，并且在一定范围内，处理容量越大，其单位处理费用越低。而在我国，小城市的人口都是在20万人以下，绝大多数生活垃圾日产生量不足200t。如果每个小城镇都建设生活垃圾处理厂，既不经济，也浪费资源，无法满足处理设施的规模经济效益要求。

例如，在焚烧处理过程中，生活垃圾焚烧厂内焚烧炉台数的合理范围为2～4台，考虑到目前我国国产化设施的生产能力，以300t/d、450t/d和600t/d这三种规模的生活垃圾焚烧厂为例，设单台焚烧炉的规格为150t/d，其吨投资分别为41万元、38万元和35万元左右。在一定范围内，随着工程规模的增大，焚烧处理厂的单位吨投资额不断减少，这样大大降低了生活垃圾处理的单位投资成本，充分反映出规模经济效益对生活垃圾处理费用的重要性。

2）能做到因地制宜，充分利用各地区条件优势，实现经济性目标。区域优化管理可以充分考虑临近城镇的地理位置的协调性和地形、地貌等自然条件的互补性，充分考虑生活垃圾运输费用的经济性以及各地区经济发展水平，在保证基本要求（无害化处理）的前提下，实现费用最低化。

所以在规划中，要充分考虑城市生活垃圾处理的规模经济效益、运输费用、服务半径、地理位置和经济条件等限制因素，有选择性地建设生活垃圾处理设施，实现区域优化管理。

（2）长期优化原则

随着经济的发展，人民生活水平的提高，中国中小城市生活垃圾产量和组成将有很大变化。所以，在中小城市生活垃圾管理中，必须对中小城市的生活垃圾产量和成分组成变化有充分的长期性认识，对城市生活垃圾的管理有长期性的统筹规划，同时兼顾土地资源等利用的可持续性原则，以更好实现规划期间中小城市生活垃圾的处理。

（3）综合处理优化原则

所谓综合处理就是将卫生填埋、堆肥、焚烧和资源回收利用等方法有机结合，共同处理，以减少和避免单一处理方法的不足。

7.4 小城镇垃圾收运体系的建立

目前小城镇垃圾污染主要在两个方面，一是垃圾收集运输体系没有建立，垃圾的收集运输设施比较简陋，造成垃圾收集率低、收运过程逸洒等现象；二是垃圾处理大多是简易堆放，对地下水、地表水和土壤造成了比较大的污染。因此建立小城镇垃圾收运体系与处理体系对减小垃圾污染是非常关键的。

结合我国目前小城镇的现状和特点，这里（图 7-1）提出小城镇垃圾收运的三种体系，供参考：

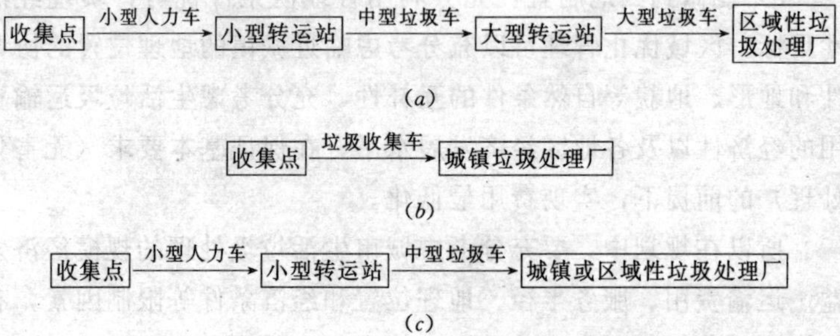

收集点 →（小型人力车）→ 小型转运站 →（中型垃圾车）→ 大型转运站 →（大型垃圾车）→ 区域性垃圾处理厂

(*a*)

收集点 →（垃圾收集车）→ 城镇垃圾处理厂

(*b*)

收集点 →（小型人力车）→ 小型转运站 →（中型垃圾车）→ 城镇或区域性垃圾处理厂

(*c*)

图 7-1 小城镇垃圾收运体系

7.5 小城镇垃圾处理策略

小城镇的垃圾处理技术也不外乎是前面几章介绍的技术，即卫生填埋、生物处理（堆肥）、焚烧和综合利用。

垃圾的填埋处理是初投资最少、最简单的处理方法，也是垃圾处理的基本方法。因此小城镇的垃圾处理应立足于卫生填埋。

但垃圾填埋场占地大，若采用简易填埋还会对水资源造成污染。目前全国有2/3的城市处在垃圾填埋场的包围之中，限制了城市的发展。因此，小城镇在其发展过程中应接受“先发展、后治理”的教训，在选择填埋处理方式时，垃圾场的选址要慎重考虑。小城镇的垃圾填埋处理应与其他垃圾处理方式结合起来，并以卫生填埋为宜，走综合处理的道路。

垃圾堆肥处理是针对垃圾中可降解的成分而言的，经过微生物的作用，使垃圾中的有机质转化为农田的肥料。20世纪80年代初期，我国建成一批垃圾堆肥厂，如无锡高温好氧堆肥厂，上海安亭堆肥厂等，均因运行费用高，堆肥成品无销路而难以为继。从20世纪80年代后期开始，垃圾堆肥一直在走下坡路。但是，近几年随着环保和资源再利用意识的提高，以及在垃圾分选、堆肥工艺上的技术进步，使得堆肥在国内有重新发展的势头，许多城市正在或已经建起了垃圾堆肥处理厂。

对小城镇而言，采用堆肥技术进行垃圾处理是适宜的，既处理了垃圾，又回收了资源，而小城镇周围广阔的农业、林业资源也在一定程度上保证了堆肥产品的销路。根据目前小城镇垃圾的产量与其经济实力，应以相对经济适用的堆肥工艺为主。随着小城镇发展可逐步采用机械化程度高的其他堆肥方式，以至可以形成一种规模化的堆肥产业。

垃圾的焚烧处理是针对垃圾的可燃物而言的，而在小城镇的垃圾结构中可燃成分较少，焚烧后带来二次污染，治理二次污染的费用将会增加垃圾焚烧的投资。因此，对于经济发达的小城镇，且垃圾热值达到燃烧要求的，可以适当考虑垃圾焚烧，但是对于经济实力相对薄弱的小城镇的垃圾处理，至少现阶段不应采用焚烧方式。

综上所述，对于小城镇来说，垃圾处理宜采用综合处理的技术路线，以使垃圾处理费用最低，二次污染最小。

因此，对于经济相对比较发达的小城镇，如我国南方小城镇、江浙上海一带小城镇，生活垃圾可以采取进行综合处理，即焚烧＋堆肥＋填埋的处理方式，但绝不是三种方式的简单叠加，而须依据当地的垃圾组成、自然气候特点、居民生活习惯和经济发展实力，选择适合的堆肥、焚烧、填埋的处理比例，因地制宜地设计合理的工艺路线，实现生活垃圾最大程度无害化、减量化和资源化的目标。工艺路线如图 7-2 所示。

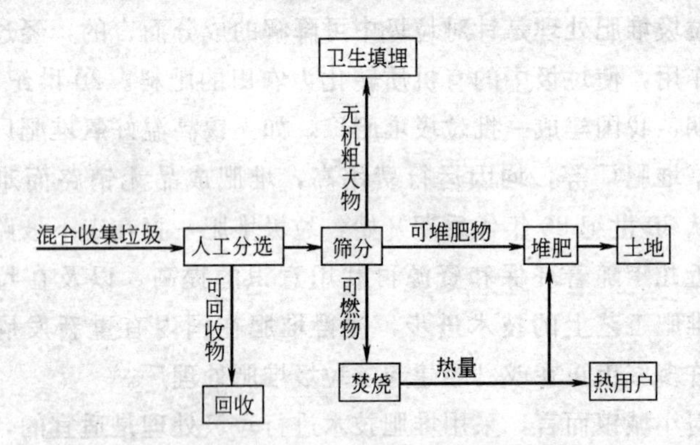

图 7-2　小城镇垃圾处理技术路线图（一）

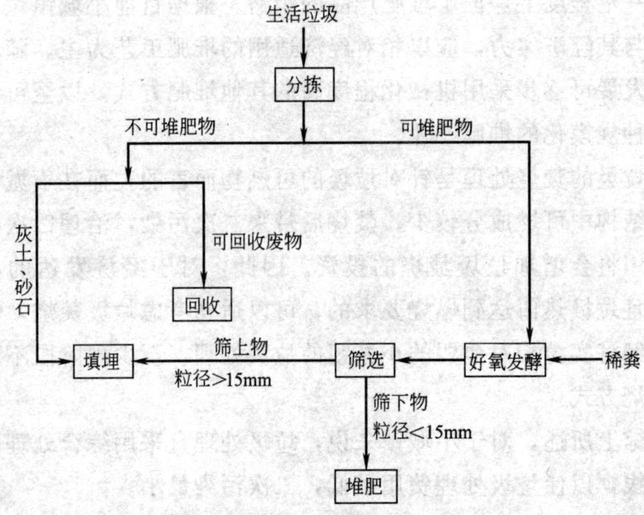

图 7-3　小城镇垃圾处理技术路线图（二）

对于经济相对不发达的小城镇，如中部、西南、东北等地区的小城镇，则可以采取堆肥＋填埋的垃圾综合处理方式进行处理。这些地区农业经济占很大比例，肥料的消耗量大，因而堆肥产品有广泛的市场销路和稳定的市场需要。而不可堆腐的无机物和有害物质，可在山区选择具有岩石底层的深沟建设填埋场进行卫生填埋。据调查，重庆市生活垃圾的 C/N 平均值为 25：1，有机物含量和 C/N 远高于全国多数城市。工艺路线如图 7-3 所示。

7.6 小城镇垃圾管理费用的筹集

城市垃圾管理体制已不适应市场经济发展的要求。长期以来，城市垃圾治理一直被作为社会公益事业全由政府包揽，久而久之，公众形成了这样的观念，认为城市垃圾处理就是政府的事，费用也得由政府负担。由于政府资金不足，无法投入足够的资金，造成多数城市垃圾处理设施建设进展缓慢，已建成的设施也因运行费用不足而勉强运行或停止运行。

小城镇垃圾管理、处理需要资金的支持，因此如何筹集小城镇垃圾管理费用是解决小城镇垃圾管理问题的基础。

建立多元化、社会化的小城镇垃圾处理产业的投、融资体系，就是要打破传统的、单一的政府投资体制和投资方式，实现垃圾处理产业投资主体、投资方式及资金形式的多元化，推进小城镇垃圾处理产业走上市场化、产业化发展的道路。多元化主要包括融资形式多元化、投资主体的多元化、投资方式的多样化、企业制度的现代化。

7.6.1 征收垃圾处理费

根据“污染者付费”原则征收城市垃圾处理费，用于垃圾处理。政府负责城市垃圾处理的管理、监督、规划，制定垃圾处理的收费和税收政策。通过收费，既解决了垃圾处理费用的不足，减轻了政府的财政负担，提高了垃圾管理水平，加速了垃圾处理设施建设，保证其正常运行。又提高了居民的环境意识，真正使垃圾处理产业走上良性循环的轨道。

2002年6月7日，原国家计委、财政部、建设部、国家环保总局发出《关于实行城市生活垃圾处理收费制度-促进垃圾处理产业化的通知》（以下简称《通知》），要求“所有产生生活垃圾的国家机关、企事业单位（包括交通运输工具）、个体经营户、社会团体、城市居民和城市暂住人口等，均应按规定缴纳生活垃圾处理费。”

1）关于城市生活垃圾及其收费范围，《通知》表述为，城市生活垃圾是指城市人口在日常生活中产生或为城市日常生活提供服务所产生的固体废物，以及法律、行政法规规定，视为城市生活垃圾的固体废物（包括建筑垃圾和渣土，不包括工业固体废物和危险废物）。所有产生生活垃圾的国家机关、企事业单位（包括交通运输工具）、个体经营者、社会团体、城市居民和城市暂住人口等，均应按规定缴纳生活垃圾处理费。

2）关于收费标准，《通知》提出，按照垃圾处理产业化的要求，环卫企业收取的生活垃圾处理费为经营服务性收费，其收费标准应按照补偿垃圾收集、运输和处理成本，合理盈利的原则核定，并区别不同情况，逐步到位。垃圾收集、运输和处理成本主要包括运输工具费、材料费、动力费、维修费、设施设备折旧费、人工工资及福利费和税金等。

垃圾处理费收费标准，由城市人民政府价格主管部门会同建设（环境卫生）行政主管部门制定，报城市人民政府批准执行，并报省级价格、建设行政主管部门备案。目前垃圾处理费仍按行政事业性收费管理的，应创造条件，结合环卫体制改革，尽快向经营服务性收费转变。制定、调整生活垃圾处理费标准要实行价格听证会制度。

7.6.2 政府直接投资

政府投资是中央政府，省、市政府或其他机构用于垃圾处理项目的资金。政府为了改善小城镇当地的环境卫生条件，提高人们生活质量，往往采用直接投资的方式修建垃圾处理设施。

在我国，长期以来，城市垃圾治理一直被作为社会公益事业全由政府直接投资。

7.6.3 贷款

贷款可能从中央政府或省（市）政府的特殊发展基金获得，也可以直接从商业银行获得。贷款具有以下特点：

1）长期低息贷款一般用于一次性投资大的项目；

2）贷款可以分期付款，还款计划性强、易于控制；

3）贷款可以用来支付在等待拨款或债券期间的短期费用；

4）贷款必须偿还，包括本金和利息；

5）特殊基金的贷款有其自身的规定；

6）没有担保，很难获得商业银行的贷款。

7.6.4 债券

债券是政府、金融机构、工商企业等机构直接向社会借债筹措资金时，向投资者发行，并且承诺按规定利率支付利息并按约定条件偿还本金的债权债务凭证。债券的本质是债的证明书，具有法律效力。债券购买者与发行者之间是债权债务关系，债券发行人即债务人，投资者（或债券持有人）即债权人。

按发行主体不同，债券分为：国债、地方政府债券、金融债券、企业债券。目前，在垃圾处理行业最多的是国债资金。自从1998年国家加大对基础设施的建设力度，利用国债资金投入基础设施的建设，一大批垃圾处理设施使用国债资金而建设起来，这也使得我国垃圾无害化处理率有了很大的提高。

7.6.5 外资或民间资本

由于垃圾处理产业投资大，建设周期长，回报率低，国内外投资者难以进入这一领域进行投资建设与经营管理，使得垃圾处理厂的建设相对滞后于城市发展。要想调动国内外企业家对这一领域的投资热情，必须给投资者以合理回报。为此，政府在信贷、税收、技术创新、市场培育等方面要有一套有力度的扶持政策，以鼓励外资和民间资本投入垃圾处理产业。

垃圾处理行业通过市场化运作的方式，吸引外资或者民间资本进入垃圾处理设施的建设中来，一方面可以缓解政府财政压力，另一方面也可以提高效率，提高服务质量。垃圾处理收费为垃圾处理行业市场化提供了可能。

第8章 案例分析

8.1 垃圾填埋实例——深圳下坪垃圾卫生填埋场

深圳市下坪固体废弃物填埋场是我国第一座采用20世纪90年代国际通用的卫生填埋技术处理城市生活垃圾的大型垃圾处理场。场址位于罗湖区北部鸡魁石山与金鸡山之间的山谷地带，西北三面环山，谷底大坑溪流向东南。下坪填埋场占地149hm^2，主要处理福田和罗湖两区的生活垃圾，垃圾运输最大半径约9km。填埋场分三期建设，第一期用地63.4hm^2，投资2.9亿元，除建设附属设施外，建设库容1493万m^3，预计使用12年；第二期占地55.8hm^2，建设库容1200万m^3，预计使用7年；第三期考虑在第一、二期填埋区上面再填高50～60m，总服务年限可达30年以上。第一期工程于1997年10月建成（其中C区和污水处理设施在建）投产，收到了良好的社会效益和环境效益，为深圳市的城市环境和城市生态做出了明显的贡献。本文介绍下坪场的垃圾卫生填埋设施、垃圾卫生填埋作业和填埋场环境监测。

(1) 垃圾卫生填埋设施

传统的垃圾堆填法没有什么安全设施，垃圾在露天堆放，任其风吹、日晒、雨淋，污染了周围的大气、土壤和水体，影响了自然生态环境和人们的身体健康。垃圾卫生填埋必须建造有关安全处理设施，使填埋的垃圾及其产物与周围的土壤隔离，导出的垃圾渗滤液进行无害化处理，收集的垃圾废气进行安全处理或净化利用，总之使填埋的垃圾对环境不产生污染。

根据建设部《城市生活垃圾卫生填埋技术标准》，参考国外先进的垃圾卫生填埋技术，结合下坪场的地理、地质和水文等实际情况，由南昌有色冶金设计研究院设计的深圳市下坪垃圾卫生填埋场的主要工程设施有：场底基础及地下水导流设施、防渗层及其保护层、垃圾渗滤液导流及处理设施、垃圾废气收集及处理设施、排洪及清污分流设施等，参考图 8-1。

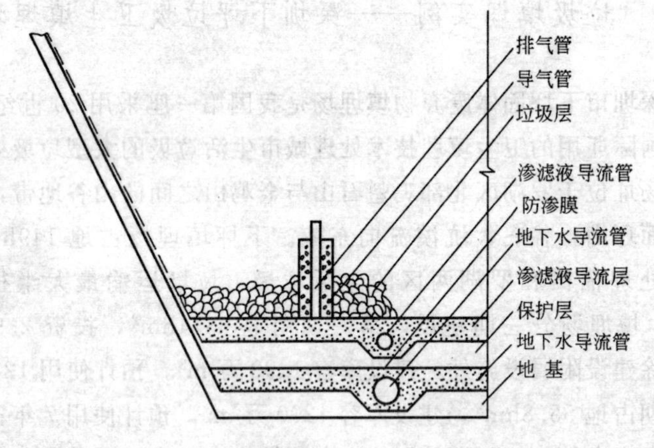

图 8-1　垃圾填埋场的主要工程设施图

1）场底基础　场底是整座垃圾填埋场的基础，场底必须能支撑和承受设计容量的全部垃圾的压力，对于采用人造防渗层来说，场底还应有保护防渗层的作用和有利于防渗层的施工。一般要求是：地形平整，地基稳定，土方密度 90%，纵、横坡度 2%，但最大坡度 30%。其施工方法是：清除植被、淤泥、石块等杂物，平整表面，填 300～500mm 厚粉质黏土，进行碾压或夯实，整理成光滑密实的平面。

2）地下水导流设施　深圳下坪场的地下水位较高，只有 0.1m，涌泉流量在 0.45～2.01L/s，因此必须设置地下水导流设施，否则由于地下水向上的浮力或流体力学作用，会产生基础变形而损坏防渗层，一旦这种现象发生，垃圾渗滤液与地下水就会互相渗透，垃圾填埋就不是卫生填埋了。

地下水导流设施的做法是：在场底基础上铺400mm左右的粗砂作为导流层，导流层底部修筑梯形排水盲沟，盲沟中间放置多孔导流管，管周围填满碎石（图8-1）。场底地下水导流设施的布置形式为树枝形（图8-2），导流管采用多孔的钢筋混凝土管。主干管直径为500mm左右，支管直径为250～300mm，根据地下水流量大小选用。

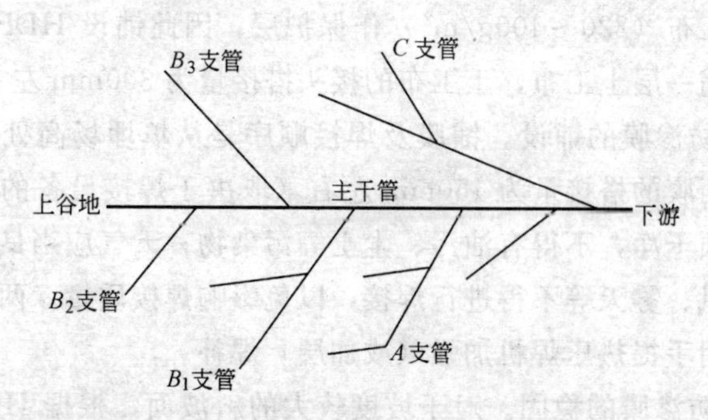

图8-2　填埋场地下水导流设施的布置示意图

3）防渗设施　有无防渗设施是垃圾卫生填埋场区别于垃圾堆填场的重要标志。只有完善和有效的防渗设施才能保证填埋垃圾不会产生污染。垃圾卫生填埋场的防渗材料有天然的和人工合成的两种，当填埋场附近土壤的渗透率为1×10^{-7}cm/s（即液体在衬垫层中每年的移动距离3.15cm）时，可以采用天然土壤作防渗层，否则必须采用人工合成的防渗层。

下坪场由于地质、水文等条件限制而采用人工合成的防渗层。在人工防渗诸方案中，经过技术经济论证，最后选择高密度聚乙烯薄膜（HDPE）作为衬垫材料。高密度聚乙烯膜必须具有相当的承载能力，有抗压性、抗拉性、抗刺性、抗蚀性、耐久性，不因负荷而发生沉陷、变形、破损，其主要性能指标为：极限抗拉强度＞50N/mm、极限伸长率＞700%、弹性模量

＞600MPa、撕裂强度＞300N、刺破强度＞500N、渗透系数＜2.2×10^{-11}cm/s、水吸附性＜0.1%、溶化指标＜1.0g/10min、密度＞0.94g/cm^3、厚度1.5～2mm。

防渗衬垫的施工程序和要求如下：

① 施工前的检查。主要是确认场地干燥、平整、密实；确认HDPE膜完好无损；焊接设备（如双轨热熔焊机）的焊合性能良好。

② 底层土工布的铺设。根据设计，HDPE膜采用上下两层无纺土工布（220～400g/m^2）作保护层，因此铺设HDPE膜之前，先铺一层土工布，土工布的接头搭接量为300mm左右。

③ 防渗膜的铺设。铺膜及焊接顺序是从填埋场高处往低处延伸，两膜的搭接量为150mm左右（取决于焊接设备的类型）；接头必须干净，不得有油污、尘土等污染物；天气应当良好，下雨、大风、雾天等不得进行焊接，以免影响焊接质量。两焊缝的交点采用手提热压焊机加强（或加层）焊补。

④ 防渗膜的稳固。对于坡度较大的斜坡面，根据HDPE膜的受力计算及衬垫层的构造等要求，一般每升高5～10m高程设一锚锭平台，用以固定防渗层。平台的宽度为3m左右，靠山一侧的锚锭沟可兼作径流排洪沟用。

⑤ 防渗膜焊接质量的检验。焊接结束后，应严格检查焊缝质量，如有漏焊、小洞或虚焊等现象，应坚决返工，不得马虎。根据国外20多年的实践经验，防渗层的泄漏或破坏现象，大多出现在接缝上，因此应用真空气泡测试薄膜之间的粘接性，用破坏性试验测试焊缝强度，每天每台机至少进行一次，以保证合格的施工质量。

4）防渗膜保护设施　为了保护高密度聚乙烯膜长用久安，保证不受填埋垃圾物的损伤，薄膜上面必须铺盖一层土工布。也可以铺300～500mm的黏土，铺平拍实，作为防渗保护衬层；而在大斜坡面上可铺设一层废旧轮胎或砂包。

5）垃圾渗滤液导流设施　为收集导出及垃圾渗滤液，在场底防渗衬垫保护层之上铺设 400mm 厚的砾石层作为导流层，在导流层底部设置导流管及盲沟，其布置形式与地下水导流管沟一样（参考图 8-1 与图 8-2）。垃圾渗滤液导流管选用高密度聚乙烯多孔管，主干管直径为 ϕ355mm，分支管直径为 ϕ315mm。HDPE 管必须保证安全和长久运行，其材料主要性能指标可参考 HDPE 膜，整体径向强度＞24MPa。

6）污水处理设施　已建成并投入使用的污水调节池容量为 7500m^3，在建的调节池容量为 37000m^3，而污水处理站正在拟建之中。

7）垃圾废气排放设施　填埋垃圾经过微生物作用之后会产生废气，废气主要成分有 CH_4、CO_2、H_2S、NH_3 等。垃圾废气是一种有毒、易燃、易爆（甲烷在空气中的含量为 5%～15% 时遇火会爆炸）的有害气体，必须进行安全排放或收集、净化处理和利用。

排气设施采用耐腐蚀性强的多孔塑料管（管径为 ϕ100～150mm），根据地形按垂直（或水平）埋设于垃圾层内，管四周填碎石，碎石用铁丝网或塑料网围住，围网外径为 1～115m，垂直向上的排气管设施随着垃圾层的填高而接长。导排气管（井）收集废气的有效半径约 45m，因此排气管（井）间距应＜100m。

8）垃圾废气利用设施　目前废气利用只是一个设计方案。将各排气管（井）之废气收集并输送至集气柜（5 个收集管设一个集气柜），然后输送到处理站进行脱水、净化、脱硫、脱氨、除 NO_x，除 H-Cl、浓缩等处理，制成合格的燃气产品供应用户或发电。

9）场外排水设施　由于深圳市属亚热带海洋季风气候，雨量充沛，年平均降雨量为 1880mm；下坪场地处山谷，谷底有涌泉，而第一期工程又位于谷地中段，这给场外排水提出了较高的技术要求。

为了防止填埋区上游山谷的溪水进入填埋区，在上游谷底修建一座拦洪坝，并开挖一条排水隧洞，将谷地上游的溪水和洪水疏导至谷地下段的大坑溪。排洪隧洞作为第二期工程的排水主干道。另外，在填埋场两侧的山坡修建截洪沟，排除山坡雨水汇流，使场外径流不得进入填埋区内。

10）场内清污分流设施　除了完善场内与场外分流系统、防渗层上下清污分流系统设施外，还必须做好填埋场内径流的清污分流设施，以减少垃圾渗滤液，从而节省污水处理费用。

场内清污分流有两方面：一是填埋区与未填埋场地的清污分流，曾采用土包修筑临时堤防的办法，把场地径流排出场外，效果很好；二是作业区覆盖土层，形成径流，设置临时边沟和管道向大坑溪下游排放。

(2) 垃圾卫生填埋作业

垃圾卫生填埋一般都采用机械化作业。主要作业机械有环卫型推土机、垃圾压实机、挖掘机、自卸汽车以及装载机、洒水车、喷药车等。垃圾卫生填埋工艺是：垃圾运输车卸料——推土机推运布料——垃圾压实机碾压——覆盖土层并压实平整。下坪填埋场的作业方法如下。

1）分区分层填埋法　下坪场第一期工程根据地形地貌分为 A、B、C 三个填埋区，A、B 两区竣工验收之后先投入使用。根据现场地形和道路条件，先从 A 区开始，填埋两层垃圾（厚6m左右），造出一片场地，覆盖土层，修建临时运输循环道路；然后再填埋 B 区，B 区包括 $B1$、$B2$、$B3$ 三个小山谷，依次从 $B1$ 开始，分多层填埋至标高140m左右。分区分层填埋有以下好处：

① 为现场创造有利的作业条件，如扩大卸料平台有利于卸料，填平低谷可修筑循环道路，平整出场地可作为机械临时停放或检修场所。

② 限制作业场地的面积，减少雨水渗透量，从而减少垃圾

渗滤液。

③ 有利于场内的清污分流，当降雨时，不论是未填埋区的径流还是作业面上的径流，都能比较顺利并安全地排出场外。

2）底层填埋法　为了保护库区场底防渗系统不受损坏，铺填第一层垃圾时应严格按照设计要求作业，具体做法和要求如下。

① 底层垃圾应为松软性物质，如有长硬物料如钢筋、铁管、木棍、竹竿等坚硬条状物，应全部挑出，以防碾压时刺伤防渗层。

② 底层填埋垃圾的厚度为3～3.5m，由推土机一次布料，推土机应行走在垃圾层上，不允许直接压到衬垫保护层。

③ 底层垃圾不压实，即不允许用垃圾压实机碾压，以免损坏防渗材料。

④ 为保护边坡防渗层，作业机械与边坡应保持1.5m的距离。

3）单元作业法　单元作业法是垃圾卫生填埋的基本工序，其工艺流程为：布料（松料层厚0.5～0.8m），压实（密度为0.6t/m^3）；再布料，再压实；达到单元总压实厚度2.5～3m时进行覆土（土层厚0.15～0.2m），最后压实平整。具体做法是：以每日（或每个工班）的垃圾量作为一个单元填埋量，单元结构可为一狭长带状，大小依作业现场的条件、设备规格和每日处理量而定，如每日处理1500t（2500m^3）垃圾，填埋面积为800～1000m^2，作业人员在布料时应心中有数。还有，当日填埋的垃圾应当日覆盖土层，以减少空气污染，防止蚊蝇繁殖孳生，减少雨水渗入，从而减少污水量。

4）高效作业法　在学习国内外垃圾填埋作业经验的基础上，结合本场实际情况，有三种高效作业法。

① 在卸料平台狭小的情况下，推土机采用转弯推运垃圾，效率很低；可采用两台接力，变转弯拨料为直线推运，作业效率

可大大提高。

② 推土机将垃圾推运至布料地点后，以20%左右的坡度布料并平整，随后压实机在斜坡面向上和向下行驶碾压，由于机械在上下行走时对地的动压力比较大，压实效果比水平面布料好。

③ 填埋垃圾必须进行压实，才能达到保护环境和节省库容的目的，为此首先应选用高效率的垃圾压实机。专用垃圾压实机的压轮圆筒面上装有凸块（或凸片），能有效地破碎和挤压垃圾，是目前最佳的垃圾压实机。

在作业技术上，必须根据机械重量、垃圾性质，压实要求合理选择作业参数，如垃圾层厚度、机械行驶速度，碾压次数等，经多次试验后，选取最佳参数；此外，在碾压过程中，应进行测试，如达到要求密实度，不必过度碾压，以节省机械动力功耗。

（3）填埋场环境监测

垃圾卫生填埋场的环境监测项目主要有地表水、地下水、渗滤液和废气等。

1）地表水监测　垃圾填埋场的地表水包括场外和场内的径流排水，主要监测其是否受污染或污染程度，从而判断垃圾渗滤液是否溢出。根据填埋场的地形及排洪设施，监测布点有上游的排洪隧洞入口、中间渠和大坑溪下游等。监测项目：COD、BOD_5、NH_3-N、SS、DO、电导率、细菌、大肠菌等。监测制度是每日一次。

从1997年10月投产至今，监测结果符合《地面水环境质量标准》中Ⅳ类排放标准。

2）地下水监测　垃圾填埋场监测的地下水包括场区的膜下水和下游地下水，主要监测其水质是否受污染，从而判断防渗系统的功能是否正常，如发现指标变化或超标，应查明原因，并采取有效的防治措施。地下水的监测布点有：*A*区膜下，*B*区膜下，场区外南、北井及本底井5个点。监测项目及监测制度与地表水监测相同。

自投产至今，地下水监测结果正常。

3）渗滤液监测　垃圾渗滤液是填埋场环境监测的重点，渗滤液的各项指标是选择污水处理技术、处理工艺和处理设备的主要依据。目前，渗滤液监测布点有A区、B区集液井，污水调节池进、出口4个点（污水处理厂未建，排放口水质未监测）。监测项目有流量和水质，水质指标有COD、BOD_5、NH_3-N、SS、TS、pH、色度、水温、颜色、气味、细菌、大肠菌、硝酸盐氮、总磷等，其中COD、BOD_5、pH为经常监测项目。监测制度：每日监测一次，周期为2天，每天采样1次；雨天随机采取，采一个降雨周期。

经过一年来的监测，下坪场垃圾渗滤液指标见表8-1，主要特点为：

① 排出量受垃圾含水率、填埋条件、覆盖情况、场内径流

垃圾渗滤液指标　　**表8-1**

年　月	COD(mg/L)	BOD_5(mg/L)	pH
1997年10日	16399	20142	6.7
1997年11日	42821	26158	6.5
1997年12日	50107	33897	6.1
1998年1日	52041	36994	5.9
1998年2日	38567	24869	5.7
1998年3日	28167	18713	6.1
1998年4日	39452	24387	6.1
1998年5日	35098	19205	6.5
1998年6日	20754	11662	7.1
1998年7日	22295	8455	7.2
1998年8日	28375	13094	7.2
1998年9日	27462	—	7.5
1998年10日	18759	—	7.7
1998年11日	7388	3236	8

说明：1. 1997年10月15日开始填埋垃圾。

2. 1998年1月14日出现最高值：COD为61088mg/L，BOD_5为49500mg/L。

排放设施的完善程度，特别是天气的影响甚大，在目前每天处理1500t垃圾、降雨量很小的情况下，一般稳定在350t/d左右，而大暴雨时曾高达787t/d。

② 渗滤液的水质同样受天气条件及场内排水设施等情况的影响而变化，雨天渗滤液量增多，化学和生化指标相应降低。

③ 填埋垃圾初期6个月内，COD和BOD_5值都很高，在第4个月COD和BOD_5一度分别高达61088mg/L和49500mg/L，以后逐步下降。而近两个月来，已连续出现最低记录。BOD_5/COD值则一直保持在0.4～0.7。

4）废气监测　为保证填埋场的大气环境和人们的安全，必须对垃圾废气进行严密的监测。监测的对象有大气、排污井和导气井。监测布点：大气采样点布设在场区内、场区上风向、场区下风向共三个点。排污井采样选择在A、B区内两个点。作业场所必须加强监测主要是从环保和安全方面考虑。废气监测项目：CH_4、NH_4、H_2S、粉尘、臭味等。监测制度：每季1次，周期为连续3天，每天采样2～3次；排污井和导气井为每月1次。

（4）主要工程指标

1）填埋库容：第一期（下坪）标高为110～190m，计$1493.3\times10^4m^3$，服务年限14年；第二期（上下坪），标高为150～270m，计$1200\times10^4m^3$，服务年限约为10年。

2）占地10^6m^2。

3）总变压器容量1200kVA，总设计负荷829kW。

4）总日用水量$432m^3$。

5）总定员217人。

6）总投资37220万元。

7）总成本3372.36万元/年。

8）单位成本33.79元/t垃圾。

深圳下坪垃圾卫生填埋场是按深圳市“与国际接轨、达到世界先进水平”的要求而设计的，是在杭州天子岭垃圾填埋场设计的经验基础上，更多地吸收国内外垃圾卫生填埋先进技术而设计的。

8.2 垃圾堆肥实例——常州市环境卫生综合厂

常州市地处江苏省南部，长江下游三角洲的太湖流域。市区面积为280km^2，市区非农业人口79.67万人，日产城市生活垃圾700多吨。辖区地质条件复杂，河道交错，堰塘众多，地势平坦，浅层地下水位1.5～2.0m，雨量充沛，给地下水污染带来了天然的地理条件。由于这些特定的自然条件，常州市不宜建设大型的卫生填埋场。同时受到自身财力的限制，目前尚无大量的资金用于引进国外先进的垃圾处理技术和设备。

1991年在建设部领导的积极支持下，在全国生活垃圾处理调研的基础上，常州开始确定建设集生活垃圾堆肥、焚烧和填埋于一体的“三合一”处理工程。该工程由建设部、同济大学、常州环卫工程设计研究所、上海市政设计院共同设计，堆肥系统于1992年4月开工建设，次年9月投入试运行，1994年正式投产，1995年12月通过国家鉴定验收。1993年开始同步进行堆肥制造复合肥研究，并进行蔬菜、水稻、小麦、根状农作物的实验，效果良好。1995年开发研制了年产1万t的生产流水线，年底与堆肥一道通过了鉴定验收。实践证明，该处理模式是我国中小城市处理生活垃圾较合适的选择，也符合城市21世纪可持续发展战略。

常州环卫综合厂采用的是间歇式动态高温好氧发酵工艺，具有发酵周期短、处理工艺流程简单、发酵仓少等特点。该厂堆肥工艺共分7道工序：进料、预处理、一次发酵、中间处理、二次发酵、精处理、产品出厂。常州环卫综合厂的高温堆肥工艺如图8-3所示。

(1) 进料

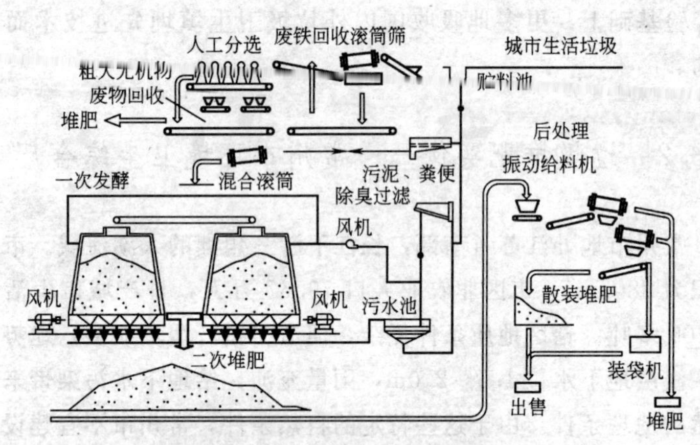

图 8-3 垃圾堆肥厂工艺流程图

由居民区收集的生活垃圾在中转站装车后由自卸汽车运输进处理厂，经地磅计量后，卸进预处理车间的集料坑，集料坑能保证储备一天的处理量。垃圾做到日进日清，不滞留过夜。进集料坑后垃圾的渗滤液流入装置在坑底一端的集水井内，由污水泵抽至污水池储备，用来调节一次发酵物料的含水率。

（2）预处理

预处理的目的是去除不利于一次发酵的粗大物料。集料坑中垃圾由桥式抓吊送入板式给料机，使物料均匀连续地输送到手选皮带机上，进入破袋机人工手选分离粗大无机物和可回收的铁件，其余大部分物料通过磁选机去除黑色金属后，进入摆动格栅，筛上物再经粗选后送去焚烧，筛下物为可堆肥物经提升皮带机送到一次发酵仓顶端。

（3）一次发酵

一次发酵为堆肥工艺的核心部分，采用的是筒仓式堆肥发酵仓。其目的是使垃圾达到无害化、减量化和资源化（变成有机肥）。间歇式动态好氧堆肥处理技术是采用分层进料，每天均匀进料一层，发酵仓内物料依次自上而下发酵腐熟，每天将已腐熟的底层物料输出。发酵过程中产生的废气（主要是水蒸气、

CO_2、NH_3 等）由仓顶排气道引进焚烧间烟囱排放。产生的渗滤液由仓底排水道集中后，汇入污水池用作调节一次发酵物料的含水率，物料含水率在 35%～45%较适宜。这样使污水循环使用无需处理，既提高了物料的有机质含量，增加了堆肥的肥效，同时又避免了这部分污水排放对环境的污染。设排水道和通风道共用，在排水出口处利用水封井防止风道短路。由于自下而上热量的传递和微生物的接种作用，可比一般的静态好氧式发酵周期大为缩短，在 4h 内即可达到无害化所需的温度（55℃左右），仅 72h 即达无害化指标，减量约达 1/3。因此，采用此工艺一次发酵周期为 5d 就已满足无害化、减量化的要求。每天的底层垃圾的出料由螺杆出料机完成，螺杆置于发酵仓的一端，通过向另一端运动来对底层已经腐熟的垃圾进行强制切割均匀出料，每天一次。

（4）中间处理

一次发酵后的物料由出料皮带机进入提升皮带机，进入滚筒筛进行二次筛选，再次去除部分黑色金属后，筛下细料经磁选皮带机后送往二次发酵间进行腐熟稳定。筛上物（热值达 4184J/kg 以上）去除部分建筑垃圾后，送往焚烧炉焚烧。

（5）二次发酵

经过一次发酵、中间处理的物料，经第二道磁选去除部分黑色金属后由皮带机输送到二次发酵车间。二次发酵车间设进料皮带机和螺杆布料机对物料进行输送布料。二次发酵采用静态自然通风好氧发酵，按自然通风对料堆的穿透能力，料堆高度为 2.5m 左右。每天进入二次发酵的物料为 90 余吨，发酵周期为 10d。二次发酵的目的是物料更进一步充分熟化，使其化学性质稳定。二次发酵后的物料即为粗堆肥，可用于果园、蔬菜、茶园等旱田作物的肥料，也可作为堆肥精处理的原料。

（6）精处理

精处理是对二次仓的粗堆肥进行深加工，使其达到肥效高、体积小、运输方便、使用简单的目的。二次仓的粗堆肥由装载机送入精处理车间，经过烘干、硬物料清除、粉碎等措施后，根据需要添加适当的化肥和微量元素，造粒制成不同植物需要的复合肥。

8.3 垃圾焚烧实例——浦东新区生活垃圾焚烧厂

2001 年底，我国第一个处理能力达到 1000t/d 的大型生活垃圾焚烧厂在浦东新区投入试运行并成功并网发电，这意味着生活垃圾焚烧技术的应用已进入一个全新的阶段。

(1) 新区垃圾现状

1) 垃圾产量和来源　根据浦东新区环卫署统计，浦东新区的垃圾日均清运量从 1989 年的每日 383.6 车吨，已达到 1996 年的每日 1727.9 车吨（一车吨位＝0.46t（实吨位），以下均为实吨位）。几年来，新区生活垃圾日均产量增加趋势如图 8-4 所示。

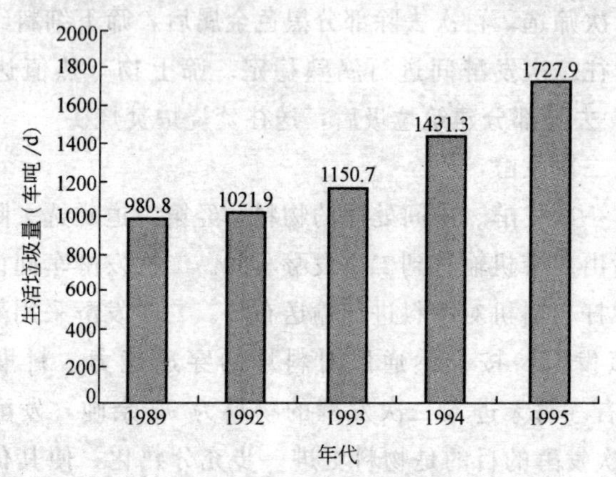

图 8-4　浦东新区历年城市生活垃圾日均产生量

生活垃圾中居民垃圾占 75%，近年产量基本稳定；集市垃圾历年来有所下降；而商业垃圾近年来呈增长趋势。新区管委会根据此前对多种生活垃圾处理方式进行比较的结论，决定利用法国政府贷款，采用法国引进技术，建造生活垃圾焚烧厂，以解决浦东新区生活垃圾的长久出路问题。

2）热值和组分　一般认为，垃圾热值达到4600kJ/kg以上，采用焚烧方式对其进行处理才可能达到较经济的效果。浦东新区近年来垃圾热值和组分情况见表8-2和表8-3。

1996～1997年浦东新区生活垃圾水分、热值平均值　　表8-2

测定项目	居　民	工商企事业	中转站	混合组分样
平均水分(%)	59.57	47.08	45.13	56.45
平均地位热值(kJ/kg)	4813.46	7713.87	5668.76	5538.56

1996～1997年浦东新区生活垃圾组分平均值　　表8-3

来源	垃圾组分(%)(质量)								
	纸类	塑料	竹木	布类	厨房	果皮	金属	玻璃	渣石
居民	8.43	12.83	0.80	2.82	60.00	11.04	0.61	2.49	0.97
商业办公	31.90	22.91	0.77	0.58	30.64	6.58	1.53	5.01	0.08
工厂	27.35	16.44	0.38	3.95	34.15	7.60	2.11	6.42	1.60
集市	6.17	10.84	1.27	1.20	69.29	7.82	0.38	0.85	2.18
中转站	10.76	13.47	1.26	1.98	55.43	6.22	0.55	3.00	7.35
混合样品	12.30	13.98	0.78	2.64	55.33	10.10	0.83	3.01	1.03

① 混合组分样系根据居民与工商企事业单位垃圾量所占的比例，经加权后计算得出，热值分析采样时间为11～12月，略高于全年平均值。

② 混合组分样系根据居民与工商企事业单位垃圾量所占的比例，经加权后计算得出。

(2) 浦东新区生活垃圾焚烧厂工艺设计方案

1）基本设计参数　处理规模1000t/d，设计热值6060kJ/kg，波动范围4600～7500kJ/kg；烟气排放标准系引进国外（法国）现行欧盟（89）标准（表8-4）。

2）工艺方案

① 工艺原理流程：如图8-5所示。

烟气排放标准及该焚烧厂可能达到的烟气排放值　表 8-4

污染物名称	欧盟排放标准 (mg/Nm^3)	期望值 (mg/m^3)	污染物名称	欧盟排放标准 (mg/Nm^3)	期望值 (mg/m^3)
颗粒污染物	30	<20	HF	2	—
HCl	60	<30	氮氧化物	200	242
SO_2	300	<200	汞及其化合物	0.01	0.01
CO	50	<50	镉及其化合物	0.50	0.05

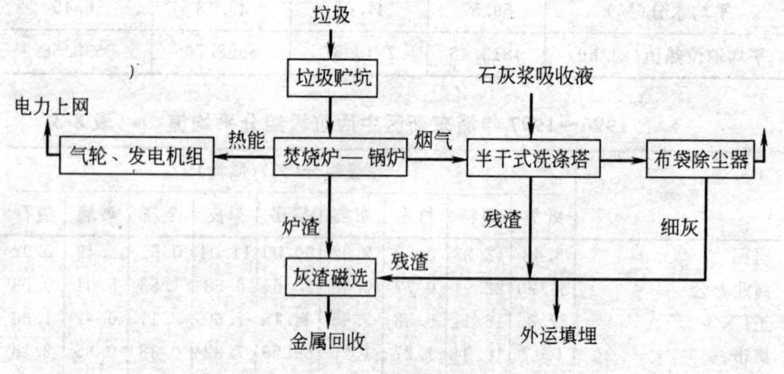

图 8-5　工艺原理流程示意图

② 生产线配置：根据焚烧厂各设备及附属设施在使用期限内正常运转，并能达到各项设计参数的要求，每炉每年平均需要1个月左右的时间进行维修保养，因此，通常配置两条以上的垃圾焚烧处理线。该厂生产线配置为：垃圾焚烧处理生产线（包括烟气净化）3 条，气轮发电机组两组。

③ 主要工艺参数：单台焚烧炉处理能力 15.2t/h（最大达16.7t/h)；炉排形式 SITY-2000 倾斜往复阶梯式机械炉排；每条生产线年最大连续运行时间 8000h；锅炉形式为角管式自然循环锅炉；单台锅炉蒸发量 29.3t/h；单线烟气量 70000m^3/h；气轮发电机组铭牌功率 8500kW/套。

3）厂址和总平面布置　焚烧厂厂址位于浦东新区与南汇县交界处御桥工业小区西北角，占地约 8hm^2（该面积包括二期发展灰渣综合利用预留用地，本规模工厂只需 68hm^2）。因新区80%以上生活垃圾仍集中在以陆家嘴为中心的原沿江城区，厂址距陆家嘴中心约 10km，这样垃圾可直接收集运输到工厂，免去垃圾的中转运输费用（垃圾中转费用一般至少 20 元/t）。

主要建筑如下：主车间（包括垃圾卸料区、垃圾贮存区、焚烧区、烟气净化区、气轮发电区、灰渣贮存区等），综合管理楼，磅站，原料油罐区，上网变电站，污水处理站以及配套的公用工程。工程总建筑面积约为 22197m^2。

4）工艺特点

① 采用的 SITY-2000 倾斜往复阶梯式机械炉排技术，是从最早应用于垃圾焚烧的马丁炉排发展改进而来，适应低热值、高水分垃圾的燃烧，在设计热值以及处理规模范围内基本不用添加助燃油，便可以保证焚烧炉内温度高于 850℃，燃烧烟气在高温区停留 2s，以彻底分解去除类似二恶英、呋喃等有机有害物质，使焚烧对大气的影响减少到最小程度。

② 整个工厂的热平衡系统设计独特，如锅炉进水温度提高至 130～135℃，焚烧炉一次风进炉温度达 220℃，从而使整个工艺可获得较高的热效率，尽可能多的发电上网。按现设计水平每年可向电网供电约 1.1 亿度。

③ 生活垃圾（不包括大件垃圾）不用经过预处理（指破碎、分类等），可直接进行焚烧。

④ 采用 DCS 集散系统，使生产控制达到了现代化水平。

⑤ 在烟气净化工艺中，预留了脱氮装置接口，现有的半干法＋布袋除尘器工艺配置，可适应将来更高的环保要求。

5）引进的内容

① 引进设备有自带动力垃圾抓斗；焚烧炉加料器、炉排等关键部件；余热锅炉部分关键压力部件；烟气净化系统的石灰浆雾化器、耐高温滤袋等；以及工艺流程中的关键风机、泵、控制调节阀和现场分析仪。

② 引进的技术主要是工艺技术软件包，即全厂生产系统进行的控制软件。

(3) 投资及运行成本

本工程总投资估算为66915.04万元，利用法国政府贷款3017万美元。其中设备费用（包括引进设备）约占总投资的46%。

本项目年处理垃圾365000t，按工厂运行寿命30年及国内配套人民币由浦东新区财政无偿投入测算，每吨垃圾处理总成本，随外汇还本付息的费用从投产初期约为250元/t逐年递减，30年平均垃圾处理成本约为150元/t。运行成本约为100元/t（没有考虑辅助燃料消耗）。

参考文献

1 国家环保总局．城市生活垃圾处理及污染防治技术政策，2000

2 聂永丰主编．三废处理工程技术手册（固体废物卷）．北京：化学工业出版社，2000

3 国家环保总局污染控制司．城市固体废物管理与处理处置技术．北京：中国石化出版社，2000

4 贺延龄等．废水的厌氧生物处理．北京：中国轻工业出版社，1998

5 赵由才．城市生活垃圾卫生填埋场技术与管理手册．北京：化学工业出版社，1999

6 芈振明等合编．固体废物的处理与处置．北京：高等教育出版社，1992

7 赵由才主编．生活垃圾卫生填埋场现场运行指南．北京：化学工业出版社，2001

8 李国建等编．城市垃圾处理与处置．北京：中国环境科学出版社，1992

9 王中民主编．城市垃圾处理与处置．北京：中国建筑工业出版社，1991

10 陈世和，张所明．城市垃圾堆肥原理与工艺．上海：复旦大学出版社，1990

11 李国学编著．固体废物堆肥化与有机复混肥生产．北京：化学工业出版社，2000

12 李国建主编．城市垃圾处理工程．北京：科学出版社，2003

13 杨玉楠主编．固体废物的处理处置工程与管理．北京：科学出版社，2004

14 张益主编．生活垃圾焚烧技术．北京：化学工业出版社，2002

15 吴文伟主编．城市生活垃圾资源化．北京：科学出版社，2003

16 何品晶主编．城市固体废物管理．北京：科学出版社，2003

17 沈东升主编．生活垃圾填埋生物处理技术．北京：化学工业出版社，2003

18 中华人民共和国城镇建设行业标准．城市生活垃圾采样和物理分析方法，CJ/T 3039—95

19 中华人民共和国城镇建设行业标准．城市生活垃圾有机质的测定，

CJ/T 96—1999
20 赵宗升等. 垃圾填埋场渗滤液污染的控制技术. 中国给水排水，2000，16（6）
21 孙英杰等. 城市生活垃圾填埋场渗滤液处理方案的探讨. 环境污染治理技术与设备，2002，3（3）
22 王宗平等. 垃圾填埋场渗滤液处理研究进展. 环境科学进展，1999，7（3）
23 沈耀亮等. 垃圾填埋场渗滤液的水质特征及其变化规律分析. 污染防治技术，1999，12（1）
24 冯明谦等. 城市生活垃圾卫生填埋场渗滤液水量水质的确定. 四川：四川环境，2001，20（2）
25 徐新华. 垃圾中甲烷产率计算及全国垃圾甲烷气资源估算. 自然资源学报
26 刘富强等. 城市生活垃圾填埋场气体的产生、控制和利用综述. 重庆：重庆环境科学，2000，v26（6）
27 杨琦等. 垃圾填埋场的厌氧降解作用及其微生物类群. 中国沼气，1997
28 韩怀芬等. 适合我国国情的城市生活垃圾处理方法. 环境污染与防治，2000
29 吴香尧. 城市生活垃圾堆肥化处理的现状、问题与解决途径初探. 成都：成都理工学院学报，1999，26（3）
30 陈志强. 城市垃圾好氧堆肥处理的几个关键问题 [J]. 城市环境与城市生态，2002，15（6）
31 丁爱芳. 城市生活垃圾堆肥产品的应用与发展. 南京：南京晓庄学院学报，2002，18（4）
32 丁爱芳. 城市生活垃圾堆肥产品的应用与发展. 南京：南京晓庄学院学报，2002，18（4）
33 陈世和. 中国大陆城市生活垃圾堆肥技术概况. 环境科学，1994
34 苏萍等. 城市生活垃圾焚烧技术发展现状，能源研究与信息，2002，18（3）
35 聂永丰等. 我国城市垃圾焚烧技术发展方向探讨，环境科学研究，2000
36 张自杰主编. 排水工程. 下册. 北京：中国建筑工业出版社，2000
37 王洪臣主编. 城市污水处理厂运行控制与维护管理. 北京：科学出版社，1999

38 周玉文、吴之丽主编. 城市污水处理应用技术. 北京：中国建筑工业出版社，2004
39 姜乃昌主编. 水泵及水泵站. 北京：中国建筑工业出版社，1998
40 金兆丰、徐竟成主编. 城市污水回用技术手册. 北京：化学工业出版社，2004
41 污水处理知识（内部资料）. 北京：北京建筑工程学院编写
42 广东省环境保护局、深圳市环境保护局编. 城镇污水处理技术与实例. 广州：广东科技出版社
43 王凯军、贾立敏主编. 城市污水生物处理新技术开发与应用. 北京：化学工业出版社，2001
44 Gorge tehobanogous et al，integrated solid waste management engineering：principles and management issues，Mc Graw-Hill 1993
45 N. Gardner et al，forecasting landfill-gas yields，Applied Energy，1993 (44)
46 Farquhar，G. J et al，Gas production from landfill decomposition，Water，soil and air pollution，1973 (2)：p483～495
47 EMCON (1981)，Feasibility study. Utilization of landfill gas for a vehicle fuel system，EMCON Associates，san jose，CA，Ann arbor
48 Jiunn-Jyi lay et al，mathematical model for methane production from landfill bioreactor，Journal of Environmental Engineering，ASCE，v124 (8) 1998
49 J. J. Leeetal，Computer and experimental simulations of production of methane gas from municipal solid waste，wat. Sci. tech 1993 27 (2)
50 C. Liang，et al. The influence of temperature and moisture content regimes on the aerobic microbial activity of abiosolids composting blend. Bioresource Technology，2003
51 F. Adani，et al. The influence of biomass temperature on biostabiliation biodrying of municipal solid waste [J]. Bioresource Technology，2002